JN065585

英文・和文

新訂　航海日誌の書き方

水島　祐人　編著

成山堂書店

はじめに

　本書『新訂　航海日誌の書き方』は，四之宮博先生（故人）の手による『新しい航海日誌の書き方』を一部改訂・増補したものです。

　本書は主に，将来船員職を目指す，船員養成機関の学生の方々向けに執筆されています。第1編では，航海日誌の基本的な記載事項や記載ルールを概説し，第2編では，各記載事項の具体例として日英語の様々な例文を掲載しています。初心者の方には，まず第1編で航海日誌の概要を学んで頂きたいです。ある程度航海日誌の書き方に慣れてきた方には，第2編で特定の記載事項を学んで頂ければ幸いです。巻末には，航海日誌で多用される略語のリストをはじめ，航海日誌を書く際に必要な関連情報をまとめています。さらに今回の新訂版では，実際の社船や練習船のログブックを基に作成されたサンプルを巻末に掲載し，海運業界で使用される特徴的な英語，「海事英語」についてのコラムを各編の合間に追加しました。学習の参考となれば幸いです。

　末筆ながら，本書刊行に際しご尽力頂きました皆様に心よりお礼申し上げます。独立行政法人海技教育機構　海技大学校　齊藤学先生（准教授）ならびに小川柚子先生（助教）には，本書第1編の改訂に際し，実務経験と専門的知見に基づく様々な助言を頂きました。同校　堀晶彦先生（名誉教授・練習船海技丸船長）ならびに門屋康平先生（助教・練習船海技丸二等航海士）には，巻末付録のログブック見本を作成・提供頂き，本書に貴重な学習教材を加えて頂きました。成山堂書店　小川典子会長ならびに同社編集グループの皆様には，本書改訂のご縁を頂き，多くのご支援を頂きました。皆様に心からお礼の言葉を申し上げます。

　2023年7月

独立行政法人海技教育機構

海技大学校　講師

水島　祐人

凡　　例

1　（・・・・・・）は，「または・・・・・・」を示します。

2　〔・・・・・・〕は，・・・・・・を省略してもよいことを示します。

3　和文（・・・・・・）と，英文は・・・・・・は対応します。

目　　次

第1章　航海日誌の種類とその特徴

　航海日誌は，船の航海中および停泊中の状態を記録したものである。もともと，そのような記録は船の運航には，必要欠くことのできないものであるから，航海日誌は自然発生的に生まれている。それは，むかし帆船時代に甲板の木片（log chip）を流して速力を測ったことから，航走距離や出港日時あるいは島や岬を航過した日時やもようを記録した航海日誌を，ログ・ブックLog-bookと呼ぶようになったことからもわかる。

　航海日誌にはつぎのようなものがある。

1　当直日誌　log-book

　航海中は，当直航海士が当直中におきた事項を当直後に記入し，停泊中はログ・ブック担当の士官が必要事項を随時記入するものである。船の行動および船内におこった事件に関する最も重要な記録であり，証拠書類である。

　記載内容はつぎのとおりとなっている。

1　本欄または航海記録欄（ログ・ブックの左側のページ，巻末見本参照）

① 毎時の速力
② 真針路・磁針路
③ 自差
④ 偏差および風圧差
⑤ 風向，風力
⑥ 天候
⑦ 気圧，気温
⑧ かん水量
⑨ 機関回転数
⑩ 正午位置，直航針路および直航距離，海流方向および流速
⑪ 清水・燃料の量，喫水の状況
⑫ 錨位，係留位置等
⑬ その他必要事項（乗組員人数等）

航海日誌の種類や特徴，取り扱いなどを学んで行きましょう。

2　航海記事欄（ログ・ブックの右側のページ，巻末見本参照）

①　発着港名，航海次数，発着日時

②　日課作業の状態

③　機関使用の状態

④　針路および変針地点・時刻等

⑤　著明物標・灯台および灯光を初認したとき，または見失ったときの時刻・方位・距離およびログの示度

⑥　荒天準備作業，保安航海作業等を行った理由・時刻等

⑦　法規上規定された諸動作（霧中信号等）を正規に行った場合

⑧　投錨地の水深・低質，錨の種類および錨鎖の長さ，または係留地名・番号等

⑨　4時間ごとの気象，海象，船内巡視結果

⑩　停泊中の荷役作業ならびに行事等

⑪　各種操練を行ったとき，または水密扉を開閉した場合

⑫　海難時の事実記録

⑬　その他，他船との交信，船内保安に関する事項，人事交代等

2　公用航海日誌　Official log-book

　船員法第18条によって，日本船舶又は船員法施行規則第1条に定める日本船舶以外の船舶であって，船員法第1条第2項に規定する船舶以外の船に備えておかなければならない日誌である。記入事項は，船員法第19条および船舶安全法施行規則の規定にもとづいている。所定の事項を記載したときは，この日誌を行政官庁に提出して，検閲を受け認証の印をもらっておくべきものである。航海日誌の様式は船員法施行規則第2号書式とし，船員法施行規則第11条第2項に定められている下記記載事項の概要を第5表に記載しなければならない。

1　第2条の2の規定により操舵設備について検査を行つたとき。

2　法第14条ただし書の規定により遭難船舶等を救助しなかつたとき。

3　法第14条の3第2項の規定による操練を行い，又は行うことができなかつたとき。

4　第3条の7第1項第1号から第11号までの規定により水密を保持すべき水

密戸等を開放し，若しくは閉じ，又は第3条の8の規定により点検したとき。

5　第3条の9の規定により救命設備の点検整備を行つたとき。

6　第3条の12の規定により訓練を行つたとき。

7　第3条の16ただし書の規定により船舶自動識別装置を作動させておかなかつたとき。

8　第3条の17ただし書の規定により船舶長距離識別追跡装置を作動させておかなかつたとき。

9　法第15条から第17条まで又は法第22条から第29条までの規定により処置したとき。

10　法第19条各号のいずれかに該当したとき。

11　法第20条又は商法（明治32年法律第48号）第707条の規定により船長以外の者が船長の職務を行つたとき。

12　船員労働安全衛生規則（昭和39年運輸省令第53号）第45条第2項の規定により自蔵式呼吸具，送気式呼吸具及び空気圧縮機の点検を行つたとき。

13　船員労働安全衛生規則第71条第2項第8号の規定により検知を行つたとき。

14　危険物船舶運送及び貯蔵規則（昭和32年運輸省令第30号）第198条第3項の規定により貨物タンクの圧力逃し弁の設定圧力の変更を行つたとき。

15　危険物船舶運送及び貯蔵規則第389条の5の規定により燃料タンクの圧力逃し弁と当該タンクとの間の空気管の流路の遮断を行つたとき。

16　船内において出生又は死産があつたとき。

17　海員その他船内にある者による犯罪があつたとき。

18　労働関係に関する争議行為があつたとき。

19　国際航海に従事する船舶において事故その他の理由による例外的な船舶発生廃棄物（海洋汚染等及び海上災害の防止に関する法律（昭和45年法律第136号）第10条の3第1項に規定する船舶発生廃棄物をいう。）の排出を行つたとき（海洋汚染等及び海上災害の防止に関する法律施行規則（昭和46年運輸省令第38号）第12条の2の44ただし書の場合を除く。）。

20　国際航海に従事する船舶（海洋汚染等及び海上災害の防止に関する法律施行規則第12条の17の5の2第1項ただし書の船舶を除く。）が海洋汚染等及び海上災害の防止に関する法律施行令（昭和46年政令第201号）第11条の7

の表第1号上欄に掲げる海域に入域し，若しくは当該海域から出域するとき又は当該海域内において原動機を始動し，若しくは停止するとき。

21　海洋汚染等及び海上災害の防止に関する法律第19条の21第1項の規定により，海洋汚染等及び海上災害の防止に関する法律施行令第11条の10の表第1号上欄に掲げる海域に入域する場合であつて，同号下欄に掲げる基準に適合する燃料油の使用を開始するとき。

22　国際航海に従事する船舶が海洋汚染等及び海上災害の防止に関する法律施行令別表第1の5に掲げる南極海域又は北極海域に入域し，若しくは当該海域から出域するとき又は当該海域において海氷の密接度が変化するとき。

　公用航海日誌には，他に以上の事項に関する内容記事（発生年月日時・場所・記入年月日等）や，航海表（出入港名・出入港年月日時）なども記入するようになっている。

3　その他

　甲板部以外の日誌，あるいは航海日誌に付属するものにはつぎのようなものがある。ただし，会社によっては付属の日誌の名称が違うこともある。

1　機関部当直日誌　Engineer's rough log-book

　甲板部の当直日誌に相当するもので，機関日誌の下書きである。

2　機関日誌　Chief engineer's log-book

　機関長が機関部当直日誌から整理転写して，署名押印の上，船長に提示，検閲を受けるものである。

　記載事項のうち甲板部に関係のあるものは下記のとおりで，これらの事項については甲板部との密接な連絡が必要である。

　① 　停泊の場所・理由

　② 　燃料の積入れ開始および終了の時刻

　③ 　燃料の受取り高，消費高，残有高

　④ 　出入港当時の喫水

　⑤ 　出入港時刻，機関始動および停止の時刻，または途中速力を増減したときはその理由および時刻

　⑥ 　航海中の天候，風位，風力等の概要

⑦　毎時の航走速力

⑧　正午から正午までの後進時間，航走距離（ログ，実測），平均速力

⑨　衝突・座礁その他海難にあったときは，その時刻および顛末（てんまつ），詳細

3　無線日誌　Radio log-book

無線部従業日誌で，通信長または電子通信業務担当者署名の上，船長の検閲署名を受ける。

甲板部と関係のある記載事項は緯度・経度，天候，気圧，風，波浪，うねり，出発港，仕向港，出発港からの距離，仕向港までの距離等で，これらは甲板部からの連絡が必要である。

4　ベル・ブック　Bell book

出入港または転係・転錨時，船橋で三等航海士またはそれに代わる者が出入港に関する事項をメモ式に記録しておくノートである。これを整理して，当直日誌に記入する。重要事項はつぎのようなものである。

①　出入港用意の時刻・作業

②　錨（いかり）および係留索の使用状況

③　着発時刻および地名

④　機関の使用状況，操船の概略

⑤　水先人の乗下船時刻・場所・氏名

⑥　引き船の使用および時刻，引き船々名

⑦　法規を守った記録（税関・検疫手続き等）

⑧　港内の航路標識の通過記録

等である。

いわゆるスタンバイのときは非常に多忙なので，記号や略号（例えば Stand by は S/B，Slow ahead は ⊥，Half ahead は ⊥⊥，Full ahead は ⊥⊥⊥，Stop engine は ×，Slow astern は Ｔ など）を定めておくと便利である。なお，テレグラフ・ロッガー（機関使用状況の自動記録器）のある船では，機関使用状況をスタンバイ・ブックに書かなくともよい。

5　ハンド・ログブック Hand log-book またはポケット・ログブック Pocket log-book，クォーターマスターズ・ログブック Quater Master's log-book，

リーサイド・ブック Leeside book

　航海当直中に当直航海士が当直日誌に記載すべき事項をメモしておくノートである。普通メモ式のノート1ページの上半分に当直日誌本欄（時間・針路・速力……等）の1当直分を印刷し，ページの下半分が余白で，そこに，航海記事（例．1000　観音崎 ⇧ west 2' に並航，log 5'）を書くようになっている。石盤を使っていた時代の石盤日誌が，これに相当する。

月　　　　日								
時	浬	磁針路	偏差	風圧差	天候	風向	風力	視程
記事								

6　機関使用簿　Engine motion book

　機関部当直日誌には前述のとおり，出入港日時，機関始動・停止の時刻，航海中速力を増減したときはその理由および時刻，後進時間（始めと終りの時刻も）等を記載しなければならない。このような機関使用状況は，エンジン・モーション Engine motion といわれ，甲板部当直日誌にも記載されるが，甲板部・機関部の日誌で多少食い違うことも考えられる。そこで両部の食い違いを調整するため，航海士がこの機関使用簿に上部の事項を記入して機関士に渡すのである。なお，機関部では停泊の場所・理由および出入港喫水も必要なので，機関使用簿にはそのたびにエンジン・モーションの終りにそれらを付記するのが普通である。ログ・ブックと同じく朱線で出入港時刻は□でかこみ，航進時間の始めと終りにはそれぞれ「と」でマークしておけばわかりやすい。

7　回転帳または機関部連絡簿

　機関部当直日誌に記入できるよう，航海中，毎2時または4時の天候，風向，風力，海のもよう，毎時の速力，正午から正午までの航進時間，航走距離（ログによるものおよび実測）および平均速力を記入して機関部へ連絡するノートである。機関部の日誌には船の針路は書かないから，風向は船首に対する相対方位を数字または図で示さなければならない。備考欄を作り，著名な物標の航過時刻や distance to（目的地までの距離），E.T.A（予想入港日時）あるいは船内使用時の修正（時計を何分進めまたは遅らせたか）等を連絡して

やれば，機関部では非常に参考になる。

　機関部では回転帳を日誌に写し取ったら，推進機による航走距離と比較してスリップを計算し，1日の平均スリップおよび毎当直の平均回転数を回転帳に記入して甲板部の方へ返す。

　なお，回転帳により，港から港までの往航海，復航海および往復航海ごとに，航進時間，航走距離および平均速力等を機関部へ，または平均回転数，スリップ等を甲板部へ連絡する。

コラム 1　「海事英語」について

　国内外の船員養成機関で学習され，船員実務の現場で使用される英語を一般的に海事英語（Maritime English）といいます。工学英語（Engineering English），医学英語（Medical English），航空英語（Aviation English）などと同様，海事英語は特定の分野で使用される英語の一つで，以下のように細分化されることもあります（Bocanegra-Valle, 2013）。

・English for navigation and maritime communications（航海と海事通信のための英語）
・English for maritime commerce（海上貿易のための英語）
・English for maritime law（海事法規のための英語）
・English for marine engineering（マリン・エンジニアリングのための英語）
・English for shipbuilding（造船のための英語）

　上記 5 種の英語は船舶の安全運航を最大の目的として使用され，いずれも実務上，大変重要です。本書が扱う英文航海日誌は，このうち一つ目のカテゴリーに最も関わりが強いと言えます。

　実務現場において海事英語を適切に理解・使用する能力は，船員の訓練・資格要件に関する最低基準としても示されています。2021年版の STCW 条約（1978年の船員の訓練及び資格証明並びに当直の基準に関する国際条約；International Convention on Standards of Training, Certification and Watchkeeping for Seafarers, 1978）では，総トン数500トン以上の船舶において甲板部の当直を担当する職員の資格証明のための最小限の要件として，英語（English language）の能力（competence）に関する記載があります（IMO, 2021）。これによると，当該職員には，①海図を含む航海用図誌，②気象情報や船舶の安全運航に関する情報及び通報，③他船や海岸局，VTS センターとの通信，④「IMO 標準海事通信用語集」（*IMO Standard Marine Communication Phrases*）（コラム 2 を参照）を理解・使用する能力を含め，多言語を使用する乗組員とともに職員の業務を遂行できる英語の知識

が求められています。

　海事英語と聞くと，専門的な印象を受け，中学校や高校で学んだ英語とは別物のように感じられるかもしれません。しかし，海事英語も一般的な英語も根本的な部分は似通っています。例えば，文法構造は多くの部分で共通し，日常的な場面でよく使う語彙が海運業で使用されることも珍しくありません。「専門的な英語」とあまり尻込みせず，中学校や高校で学んだ英語の知識を活かして海事英語を学んで頂きたいと思います。

　本書のコラムでは，海事英語の学習に役立つ書籍と辞典を紹介するとともに（コラム2），海事英語のボキャブラリー（語彙）の難易度について解説しています（コラム3）。コラム1と併せて学習の参考となれば幸いです。

【参考文献】

Bocanegra-Valle, A. (2013). Maritime English. In C. A. Chapelle (Ed.), *The Encyclopedia of Applied Linguistics* (pp. 3570-3583). Oxford: Blackwell Publishing Ltd.

International Maritime Organization (2021). *International Convention on Standards of Training, Certification and Watchkeeping for Seafarers* (*STCW*), *1978* [*2021 ed.*]. (国土交通省海事局（監修）(2021)．『英和対訳 2021年 STCW 条約〔正訳〕』成山堂書店.)

第2章　航海日誌の取扱い法

1　航海日誌の重要性

　ログ・ブックは船の行動や状態およびそれに関係する事がらを記録しておくことにより，つぎのような重要な意義を持っている。

1　船を運航する上の重要な参考資料になること。

　（例．針路と航程の記録があって，初めて現在の位置が推測できる。また，出港時の喫水，航海中の燃料・水の消費量，バラスト用海水の張排水等の記録により入港時の喫水やGMが計算できる）

2　航海技術や積付けの良否を判定する資料となること。

　（例．Ａ港からＢ港へ航海するのに，どのような天候のもとで，どういうコースをとった，また荷物はどのハッチに何を何トン積んだ，ということが後でもわかり，その適否が検討される）

3　海難を起こした場合，原因探究の資料となり，海難審判の際重要な証拠書類になること。

　（例．出港時，防波堤入口付近で他船と衝突した。このときの天候・風・波浪・視界はどうであったか，機関使用状況はどうであったか，水先人は乗船していたか，喫水はどのくらいであったか等がまず問題となる。それらの記録が海難審判上参照勘案されて，衝突の原因，責任の所在等が明らかにされる）

4　公用航海日誌の記載事項は法律上重要な証拠書類になること。

　（例．遭難船員を救助した記録により——運輸局の認証を受けておく必要があるが——船員法第14条違反でなかったことが立証される。また，荒天遭遇——運輸局の認証が必要——の記録は，サーベー・レポートとあわせて船側（貨物運送人）の荒天による貨物損傷の責任を免ずる立証書類となる。衝突・座礁等，海難の記録も，海上保険でそれによる損害を填補される要件の一つである）

2　航海日誌管理上の心得

　①　ログ・ブックは上述のように重要なものであるから，その取扱いには慎

重を期し，確実正確な記載をしなければならない。

② ログ・ブックは責任をもって保管するものである。

③ 航海当直中の事項は，各当直航海士がベル・ブックを基にして，責任をもって記入し，押印またはサインをする。

④ 停泊中の事項は，停泊当直中の航海士が記入する。

⑤ 原則として航海士は毎日当直日誌から船用航海日誌に転写し，必要事項を補い署名をした上，船長に提出，その検閲署名を受ける。

3　航海日誌記載上の注意

① 油性ボールペンや万年筆等，消すことのできない筆記用具で記載すること。間違ったらその部分に二重線を引き，押印又は自分のイニシャルサインを書いて，その下またはそのつぎに書き改めること。決して書き損じを消したり，修正ペン，修正テープ，フリクションペン等を使用したり，紙面を切り取ったりしてはならない。

② ログ・ブックの第1頁には，船種・船名その他船体要目等を，第2頁には船長以下乗組員または各航海士の氏名，職務，雇入れ・雇止めの年月日等を，また第3頁にはスタンダード・コンパスの自差を記入しておく。

③ ログ・ブックの本欄および記事欄には，第2編に述べるところにより，どういうことを記載すべきか，常に念頭においておくこと。記載事項の一つを忘れていて記入せず，後で気が付いてもどうにもならない場合がある。例えば，変針したときの時間と，コンパス示度を忘れていて記録しなかったとすれば，後で推測位置を出すのに困る。

　　記載事項のうち，変針時刻とか出港喫水のように，特に時機を失したら，わからなくなってしまう事項は専用のメモ用紙に書いておくべきである。

④ ログ・ブックに遺漏のない完全な記入をするには，できるだけ甲板上にあって，オフィサーとして各方面に気を配りながら，必要な事項をメモしておくことである。昔から "officer's always on deck" といわれるように，オフィサーは荷役のないときでもデッキをぶらぶらしているようでも，気象・海象・錨鎖や係留索の状態・船内作業・船内の整備・喫水・トリム・

復原性・他船または陸上からの信号・給水・給油などあらゆることに気を配っているのである。部屋の中にいたのでは，甲板員が何の仕事をしたか，いつ水をとったのかもわからないであろう。したがって，ログ・ブックの記載事項を完全に理解しておくことは，オフィサーの勤めを果たす第一歩であるといえよう。

⑤　後日問題となるような重要事項を記載するときは，記載前に一等航海士または船長に相談した方がよい。

⑥　ログ・ブックは，英文でも和文でも必要事項を簡単明瞭に書くこと。なお，誤字やつづりのまちがいをなくすよう，自信のない字は必ず辞書で確かめること。

⑦　日誌文の特徴を知り（第3章参照），特に英文では独善に陥らぬよう注意すること。

航海日誌の役割や概要が理解できたかな？

コラム２　海事英語を学べる本

　海事英語（コラム１を参照）の学習に役立つ書籍と辞典を紹介します。

１．書　　籍

①　『新版　英和対訳　IMO 標準海事通信用語集【2023年版】』（成山堂書店）

　　船同士，又は船と海事局の VTS センター（Vessel Traffic Service Center）間の VHF 無線通信，及び乗組員による船内会話で用いる英語フレーズを多数掲載しています。緊急時の通信，操舵号令，水先人とのやり取り，客船内における乗客へのアナウンス等々，様々な場面で使えるフレーズが揃っています。また，これらのフレーズを理解・使用できる能力は，甲板部の職員に対する最低要件として STCW 条約にも記載されています（コラム１を参照）。

②　『新訂　船員実務英会話』（成山堂書店）

　　主に乗組員同士，及び乗組員と外部関係者（水先人，代理店，サーベイヤー等）による英会話の例を様々な状況ごとに掲載しています。一人二役でセリフを音読したり，他の人と二人ペアで練習したりすることで，実務英会話の感覚をつかむことができます。甲板部のみならず機関部の会話例も揃っているのが特徴です。元々は日本郵船株式会社海務部により編集された書籍であり，2021年には新訂版が刊行されました。

２．辞　　典

③　『英和　海洋航海用語辞典　２訂増補版』（成山堂書店）

　　主に航海士業務に関連する用語をシンプルな語義と共に多数掲載している，海技試験の試験会場に持ち込める専門用語辞典の一つです。航海計器の発達，環境規制や海運業のグローバル化の進展にともない，新しい用語を追加掲載した２訂増補版が2020年に刊行されました。

④　『新訂　図解　船舶・荷役の基礎用語』（成山堂書店）

　　テーマごとに概説や図付きで用語が掲載され，英語の名称が併記されています。和・英両方の索引が付いており，どちらの名称でも用語を検

索できます。

⑤　『和英英和　船舶用語辞典　新装版』（成山堂書店）

造船，造機，航海，機関，自動化などの分野から約8,500の用語が掲
載されています。基本的には和英辞書であり，日本語で知っている用語
の英語名を調べるときに役立ちます。

第3章　航海日誌文の特徴と作成上の注意

1　ログ・ブック英文の特徴

1　主語を省略すること。

「…は（が）〜する」という文で…に相当する語句が主語である。英語の普通の日記文では，I（私）が主語になる場合，文章をあいまいにしない限り，Iを省略するが，航海日誌文でもI（私）が省略される。ただし，ログ・ブックの場合，省略されたI（私）は，船全体を指すこともあり，日誌記入者である一等航海士または，当直航海士を指すこともあり，あるいは，「われわれ」を意味することもある。

> **例1**　Left Kobe for Osaka.（大阪向け神戸を出帆した）―主語である We（われわれ）または Our ship（われわれの船）が省略されている。
>
> **2**　Called all hands on deck.（総員を甲板に呼んだ）―主語の I（私）（船長または一等航海士が自分を指す）が省略されている。

2　be動詞を省略すること。

be動詞（現在 is, am, are; 過去 was, were; 過去分詞 been）は，省略しても意味が不明にならない限り，省略することが多い。

> **例1**　Ship labouring heavily.（船は激しく動揺していた）―Ship was labouring の was が省略されている。（進行形）
>
> **2**　Regulation bell kept going.（規則の号鐘が鳴らし続けられた）―bell was kept going の was が省略されている。（受身形）
>
> **3**　Sea calm.（海は静かである。）―Sea is calm. の is が省略されている。

3　定冠詞を省略することが多いこと。

定冠詞 the はどのような場合に付けて，どのような場合には付けてならないか，は英文法上定まっている。例えば，海・川・船・群島等の名，あるいは天体の名や方位には the を付けることが多い。しかし，ログ・ブックでは，それらの名詞に the を付けない。

> **例1**　Atlantic Ocean（大西洋）―the Atlantic Ocean が一般的。
>
> **2**　Thames（テームズ河）―the Thames が一般的。

3 President Wilson（プレジデント・ウィルソン号）—the President
Wilson が一般的。ただし，船名の前には，普通 M.S.（機船）や
S.S.（汽船）を書く。

4 east（東）—the east が一般的。

5 star（星）—the star が一般的。

その他，通常の文ならば，定冠詞を当然付けるべきところでも，船舶士官
（ship officer）がだれしも慣用的に用いている語句については，しばしば定冠
詞を省略する。

例1 Let go port anchor.（左舷錨を投下した）—the port anchor としな
い。

2 Lowered lifeboat.（救命艇を降ろした）—the lifeboat としない。

以上の定冠詞の省略は，いずれも文の簡素化を目的として慣習的に行われて
いる。

4 文のポイントとなる語以外は省略することがあること。

"No smoking"（禁煙）という掲示をよく見かけるが，これは文を成してい
ない。

本当の文は There must be no smoking.（喫煙は許されない）である。

これと同じような「文の簡略」が，ログ・ブックによく用いられる。

例1 S/B（Stand by）engine（機械用意）—Rung S/B engine（機械用
意を令した）を簡略した形である。

2 Fine weather（快晴）—We had fine weather.（快晴であった）の簡
略形である。

3 Light breeze（軽風）—Light breeze was blowing.（軽風が吹いてい
た）の簡略形である。

5 時制は過去にする。

動詞は，現在（……する，……である），過去（……した，……であった），
未来（……するであろう，……であろう）のことを表すことができる。ログ・
ブックは船の行動や状態，海の状態などを記録するものであるから，「……し
た」，「……であった」という過去の形を使って書くのが普通である。

例1 Passed Haneda L't B"（羽田灯標を航過した）—Pass（通過する）の

過去形 Passed を使っている。

   2 Dense fog set in.（濃い霧がかかった）—set in（かかる）の過去形
   は，現在形と同じset in（かかった）である。

6 略字や記号を用いること。

日付・曜日・天候の他，つぎのようにログ・ブックのいたるところで略字や記号を使う。詳細は巻末の付録を参照していただきたい。

   例1 A/co（変針した）—Altered course の略

   2 Com^{ced}（始めた）……Commenced の略

   3 ah'd（前進）—ahead の略

7 航海用語を用いること。

船員間で慣習的に使われている言葉（航海用語）は，一般の英語辞書に記載されていないことも多い。『海洋航海用語辞典』（四之宮編）や『図解　船舶・荷役の基礎用語』（宮本編著）などの専門用語辞典を参照されたい（コラム2を参照のこと）。

   例1 unshackle from buoy（ブイから離れる）

   2 set course（定針する）

   3 batten down（バッテンダーンする。倉口をキャンバスでおおい，帯
   金で完全に水密にする）

   4 make out（視認する＜陸地など＞）

8 船の代名詞はshe（彼女）であること。

これはログ・ブックに限った特徴ではないが，ログ・ブックでは特によく使う。

   （注） she（彼女）—her（彼女の）—her（彼女に，彼女を），—hers（彼
   女のもの）

   例1 Pilot left her.（水先人が船を下りた）

   2 Signalled her name.（船の名前を信号した）

2 ログ・ブック英文作成上の注意

つぎに述べる諸注意は，読者の英作文の力により，全然読む必要がない場合もあり，また始めから終りまで熟読してもなお十分でない場合もあると思われ

る。後者の場合は，英文法の本を初歩のものでもよいから，ひととおり勉強され
れればわかりやすいと思われる。

1　英文の基本文型をよく理解しておくこと。

　英文の基本文型にはつぎの五種類があり，そのうちログ・ブックによく使わ
れるのは，第1，2，3の文型である。

第1文型〔主語＋動詞〕

　　　　…は₁…する₂

　例．The ship₁ proceeds.₂

　　（船は進航する）

第2文型〔主語＋動詞＋補語〕

　　　　（…は）（…ある）（…で）

　　　　（…が）₁（…なる）₃（…にと）₂

　例1．We are sailors.
　　　　1　3　2

　　　（われわれは船員である）

　　2．Sea became high.
　　　　1　3　2

　　　（波が高くなった）

航海日誌の作成の仕方，注意点などしっかりと覚えていきましょう。

第3文型〔主語＋動詞＋目的語〕

　　　　$\binom{…は}{…が}_1$（…する）₃（…を）₂

　例．I drop anchor.
　　　1　3　2

　　（私は錨を投下する）

第4文型〔主語＋動詞＋間接目接語＋直接目的語〕

　　　　$\binom{…は}{…が}_1$（…する）₄（…を）₂（…を）₃

　例．Captain gave me an instruction.
　　　1　4　2　3

　　（船長は私に，指示を与えた）

第5文型〔主語＋動詞＋目的語＋補語〕

　　　　$\binom{…は}{…が}_1$（…する）₄（…を）₂$\binom{…と}{…に}_3$

　例1．We found the ship bottom clean.
　　　　1　4　2　3

　　　（われわれは船底をきれいであると発見した，船底がきれいである
　　　ことがわかった）

　　2．Painted bridge white.
　　　　4　2　3
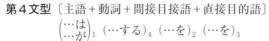

（船橋を白くペンキ塗りした）

　(注)　この文は，we を省略して，log-book 体にした。

2　なるべく容易な語句，容易な表現を用いること。

　むずかしい表現を用いて，結局まちがってしまうことのないよう注意が必要
である。また，できるだけ自分の知っている語句で文をつづるということも大
事である。ただし，航海用語の独特な用法に反したり，木に竹をついだような
表現は避けなければならない。

3　英文を簡潔に書くこと。

　ログ・ブックでは文を簡潔に表現することが重要である。そのためにはつぎ
のようなことがらが必要となってくる。

(1)　while, when, though, if, as if などのつぎにくる〔主語＋be 動詞〕を
　　省略する。ただし，従属節の主語と，主節の主語とが一致している場合だ
　　け，省略できることに注意。

　　例　〔　〕中を省略する。

　　While〔we were〕getting alongside the pier,〔we〕struck against a barge.
　　（桟橋係留中，はしけに衝突した）

(2)　従属節の代わりに動名詞や分詞あるいは前置詞を使って，文を簡略にす
　　る。

　　例1　Weather being threatening,〔we〕postponed sailing.
　　　　（天候が険悪であったので，出港を延期した）—As weather was
　　　　threatening, we postponed sailing. の簡略。（現在分詞beingを使用）

　　例2　Stopped cargo work〔due to/owing to〕high sea preventing lighters
　　　　from getting alongside.
　　　　（高浪ではしけが着舷できないので荷役を止めた）—Stopped cargo
　　　　work because high sea prevented lighters from getting alongside.—の
　　　　簡略。（前置詞句owing toを使用）

(3)　「そして…した」は分詞構文にする。

　　例　Passed Kannon Z'i L't Ho., signalling ship's name.
　　　　（観音崎を通過した，そして，船名を信号した。）（船名を信号しながら観
　　　　音崎を通過した。）—Passed Kannon Z'i L't Ho. and signalled ship's name.

―の簡略。

⑷　特定の文では，ポイントとなる語だけにする。

　例　（1の4（16頁）を参照）

⑸　日本文にとらわれないで，しかもその意味をゆがめないよう，簡単な英文にする。

　例　「船内を巡検したが，異状は見当たらなかった」Made rounds all over the ship, but found nothing unusual. としてもよいが，ログ・ブックでは Rounds made, all well. と，もっとも簡潔に表現する。

4　句読点に注意すること。

句読点の大切な例につぎの文がある。

The sailor says the fireman is a fool. この文は，コンマのおき方によって，つぎのように2通りの意味になる。

　①　The sailor says, the fireman is a fool.
　　　（甲板員は，その機関員はばかだという）

　②　The sailor, says the fireman, is a fool.
　　　（その甲板員はばかだと，機関員はいう）

ログ・ブック文でも，コンマ一つのありなしによって，文の意味が全然違ったり，文が成り立たなくなることもある。

　例　Dense fog, stand by engine.
　　　（濃霧となり，機械用意を命令した）

　　これは，Dense fog set in and rung stand by engine. の略であるが，コンマがないと「濃霧が機械を用意する（？）」の意味になってしまう。

5　動詞の不規則変化に注意すること。

動詞には現在，過去，過去分詞の三つの変化があり，その変化に規則的なものと，不規則なものとがある。前者を規則動詞，後者を不規則動詞という。ログ・ブックを書く場合に，特に初心者はこの不規則動詞の変化に注意しなければならない。その動詞の過去・過去分詞に自信がなければ必ず辞書をひくこと。

　例1　規則動詞…work—worked—worked, arrive—arrived—arrived;

　　2　不規則動詞…leave—left—left, set—set—set

規則動詞でも，つぎのような動詞の過去，過去分詞にするときは，注意を要する。

(1) 子音＋y で終る動詞は，y を i に変えて ed をつける。

——例. try→tried, study→studied, carry→carried

(注) y の前が a や i, o のような母音字のときは，ただ ed をつければよい。——例. play—played, employ→employed

(2) 子音＋短母音＋子音の形の動詞，および 2 音節以上の語で最後の音節にアクセントのある動詞は，語尾の子音字を重ねて ed をつける。……例. stop→stopped, beg→begged, omit（i にアクセント）→omitted, occur（ur にアクセント）→occurred

6 現在分詞・動名詞を作るとき，例外に注意すること。

動詞の原形に ing を付けたものが現在分詞または動名詞の形である。ログ・ブックではこの形はよく使うので，次のような特別の場合をよく覚えておく必要がある。

(1) 〔子音＋短母音＋子音〕の形の動詞は，語尾の子音字を重ねて ing をつける。

例 set→setting, stop→stopping

(注) grow は ow が長母音だから growing.

(2) 2 音節以上の語で，最後の音節にアクセントがあるときは，語尾の子音字を重ねて ing をつける。

例 begin（i にアクセント）→beginning, occur（ur にアクセント）→occurring, omit（i にアクセント）→omitting.

(注) revet（re にアクセント）→reveting,

(3) ie で終る動詞は，ie を y に変えて ing をつける。

例 lie→lying, die→dying

7 冠詞に注意すること。

1 の 3（15頁）で，ログ・ブックでは文を簡略化するため，慣習的のしばしば定冠詞が省略されることを述べた。しかし，不定冠詞（a, an）でも定冠詞（the）でも，大事なところは省略が許されない。

冠詞の用法およびその文例については，文法書にゆずるとして，ここではメ

モ程度に概略の使い方を記しておく。

(1) 不定冠詞

　① 「一つの」または「ある」という意味。

　② 「同じ」という意味。

　③ 「～につき」という意味。

(2) 定冠詞

　① その名詞がすでに一度話題に上がり，二度目に出た場合，the を付ける。

　② 前に述べた文から，どれを指すか推察できる特定の事物に付ける。

　③ そのときの周囲の事情から，聞き手または読者に容易に推察できる特定の事物に付ける。

　④ 後に続く修飾語句によって，それと限定された名詞に付ける。

　⑤ 天体や各方位のように，普通唯一の（または唯一と考えられている）事物の名詞に付ける。

　⑥ 海・川・船・新聞・雑誌・山脈・群島の名などを表わす固有名詞に付ける。

　⑦ 慣用表現の場合，名詞に付ける。

(3) 冠詞の省略

　① 呼びかけの場合。

　② 同一家族のものを表わす場合。

　③ 官職や身分を表わす語が補語として用いられる場合。

　④ 公共の建物などが，その本来の目的に使用されている場合。

　⑤ young and old のように二つの語が対照をなす場合。

　⑥ 複数名詞を一般的に呼称する場合。

　⑦ 原則として固有名詞（特に人名・地名・国名・山・湖・岬の名など）

8　目的語になる動名詞と不定詞に注意すること。

　英文の第3文型は，〔主語＋動詞＋目的語〕であることを前に述べた。この目的語のところに動名詞（～ ing の形，「～すること」という意味）や不定詞 (to＋動詞原型，「～すること」と訳す) を持って来る動詞がある。

(1) 目的語として動名詞をとる動詞

　stop（止める），finish（終る），go on（継続する），keep on（継続する），

give up（止める，断つ），put off（延期する），avoid（避ける），miss（し損じる），escape，enjoy，mind，help，fancy，postpone.

例1　We stopped taking in fuel oil.
（われわれは燃料油を積込むことを止めた）。—We stopped to take in fuel oil. としてはいけない。

例2　Dock hands finished painting ship's side.
（ドック工員は舷側にペンキを塗ることを終了した。）—finished to paint. としてはいけない。

(2)　目的語として不定詞をとる動詞

agree（同意する），try（試みる，やってみる），wish（願う），want，hope，desire，determine，hesitate，forget，forbid，advise，choose，consent，care，seek，promise，persuade.

例1　I tried to operate steering gear.
（私は，操舵装置を運転することをやってみた，操舵装置を試運転した）—tried operating としてはいけない。

例2　Don't hesitate to stop engine.
（機関を停止することをためらうな）—hesitate stopping とはできない。

　（注）　ログ・ブックによく使われる start（始める），continue（継続する），begin（始める）は，動名詞でも，不定詞でも目的語としてとってよい。

例3　Started to load cargo.＝Started loading cargo.（荷物の積み込みを始めた）

Stop と finish には気を付けること。（動名詞のみ目的語としてとる）

3　和文航海日誌文の特徴と作成上の注意

1　「…が（は）〜した」という文で，「…が」，「…は」に相当する部分（主語）が省略されること。

　例　〔　〕内省略

①　〔本船は〕係索をはなし，門司向け神戸発。

②　〔本船は〕州の崎灯台をN5°W，2′に並航。

2 「～した」という場合でも，「～する」と書くこと。

　例1　州の崎灯台をN5°W，2´に並航，針路不定とする。——「針路不定
　　　　　とした」が普通の文であるが，日誌文では「不定とする」と書く。

　例2　端艇，防火操練を行う。——「行った」としない。

3　文は口語体であること。

　昔は，日誌文はすべて文語体（…せず，…なり，…したり，というような書
き方）であったが，現在では日常使う文は，一切，口語体（話しことばの書き
方）に改められている。したがって航海日誌でも，文語体に比べて多少冗慢に
なるが，口語文を使う。

　ただし，「波高し」「異状なし」等のように，慣習的に文語体で書かれるもの
もある。

4　文はできるだけ簡潔にすること。

　文は，本来「だれが」「いつ」「どこで」「何を」の要素が含まれるべきもの
である。さらに詳細を要するときは，「どうして」「どのように」を加える。し
かし航海日誌では，前後の関係から，それらの要素のうち，あるものは当然判
明するので，それは省略し，必須のものだけを書く。簡単明りょうに，しかも
力強く。

　和文航海日誌で普通とられている簡略法はつぎのとおり。

(1)　船内作業や船の行動を指示する号令は，号令そのものを書く。

　例1　「入港用意〔部署につけ〕」——「入港用意〔部署につけ〕を発令する」
　　　　　とは書かない。

　例2　「作業始め」——「作業を始める」または「作業開始」でもよいが，
　　　　　「作業始め」の方がそのものずばりで力強い。

(2)　「××する」，「○○である」と書く場合には，「××」，「○○」と省略す
　　る。

　例1　消毒を開始する→「消毒開始」

　　2　操練を実施する→「操練実施」

　　3　当直中大雨がある→「当直中大雨」

　　4　波静かである→「波静か」

(3)　わかるときは，漢字をならべるだけでよい。場合により，「て・に・を・

は」を入れる。

　例1　甲板員青木太郎死亡（心臓病），25歳，35°—20′ N. 150°—00′ E.

　　2　防波堤入口〔を〕通過，機関停止後適宜使用。

　　3　2号岸壁に左舷係留，横浜着，機関終了。

(4)　意味を変えないで表現を変える。

　例　「海の日のため作業がない」→

　　　「海の日につき休業」

(5)　余分な修飾語を入れない。

　動揺の程度やうねりの大きさなどのように，きまった表現があるときは，それを使う。自分で文学的に作文するのはよくない。

　例　「軽いウネリがある」「ウネリがやや大」——良

　　　「春の海ひねもすのたりのたりのウネリがある」——不良

5　句読点を適切に使うこと。

　日誌が少しでも長くなるときは，特に注意が必要。

6　記入すべき事項（第5章参照）を常に頭に入れておくこと。

第4章　航海日誌本欄の書き方

1　時刻　Time

　船内使用時（普通，停泊中および沿岸航海中はその地の標準時を用い，遠洋航海中は地方視時または地方平時を用いる）による時刻を示す。本欄の一番左端の欄に1から Noon（正午），1から M.N（正子）まで記してある。この1というのは船内時計の0時から1時までの間を指す。

　したがって，1時10分に Co. を N20° E から N25° E に変えた場合は，例の示すように時刻欄の1と2の間に斜線を引き，その上に10を書くとわかりやすい。その場合 Co. の欄には2の行に N20° E と N25° E を上下に記しておく。また，航程の欄にも1時から1時10分のものと，1時10分から2時までのものとを分けて記しておく。2時00分に N35° E に変針したときは，2と3の間に00と記す。

例1

時　　刻	航　　　程	針　　路
1	16.0	N20° E
¹⁰/2	5.5 11.0	N20° E N25° E
⁰⁰/3	16.5	N35° E

2　航程　Distance

　ログを使用しているときは，一当直中の航程を各時間に割りふって記入する。ただし当直中に変針した場合は，その当直中同一針路で航走した距離を各時間に分けて書く。(例1. 参照)

　ログを使用しないときは，実測の速力を各時間ごとに記入する。ログを使用する前と後，つまり実測からログ，ログから実測に移る時間は，ログによる航程と実測の航程に分かれる。

　例2　記事欄がつぎのようなとき，本欄はつぎのようになる。

　1040　剣崎⇧NW2′ に並航，以後針路不定，測程儀を収める。

150′

時　　刻	航　　程	針　　路
⋮	⋮	⋮
10	15. 2	NE
⁴⁰/11	10. 3 6. 5	NE 不定(Var)

　航程は0.1または1/4マイルきざみとするが各当直では0.5または1/2マイル単位とし，noon to noon（正午から正午まで），port to port（港から港まで）は1.0マイル単位とする。

3　針路　Course

　基準羅針儀による羅針路（Compass course）を記入する。なおジャイロコンパスを使用する船では，ジャイロコンパスによる真針路（True course）（流圧・風圧の加味された実航針路 actual course のことではない）を＜　＞内に記入する。

　出港の場合，港から起程地点（そこでログを流し，本格的にコースを定める。―これを定針 set course という）までは「不定」（various course，略 "var."）と書く。また入港の場合は，着達地点（帰港中そこでログを収め，以後針路を随時変える）から港までを「不定」（"var"）とする。

　定針や変針をした場合，あるいは針路を不定にした場合，針路名や「不定」を針路の欄に記入すると同時に，その時刻を時刻欄に書きそえることを忘れてはならない。（例2を参照のこと）

4　自差　Deviation（略　Dev.）

　各針路に対して記入する。偏東は E，偏西は W の符号を付ける。（＋，－の符号は自差を加減する際，まちがいやすいので避けること）

　自差を実測したときは，赤インクで自差の値と符号を記入する。なお，星で測ったときは＊印，太陽で測ったときは◎印を付けておく。実測しないときは

自差表の値を記入する。

　ジャイロコンパスのコースを針路欄に記入している場合は自差の欄にジャイロ・エラー（Gyro error）を書く。

5　風圧差　Leeway（略　L.W）

　点または度で表わし，毎時間記入する。点の場合は1/4点を単位とし，$2\frac{1}{2}$点のように書く。風圧差の符号の L（左），R（右）は，船の針路と風向から判断できるので，特に書かなくともよい。

6　風　Wind（風向　wind direction, 風力　Wind Force）

　毎時間の終りに観測したものを記入する。ただし停泊中で平常の天候のときは，4時間おきに書く場合が多い。

　記入する風向・風力はすべて真風向・真風力で，航海中は視風向とまちがわないよう特に注意を要する。風向は NE または NNW のように記し，風力はビューフォート風力階級表により記入する。ただし無風のときは0とせず，calm と書くのが普通である。風向・風力の変化が激しいときは「不定」または平均のもの，あるいは NE〜NW のように書く。一方記事欄には，その情況を記入しておく。

7　天候　Weather（略　Wr）

　毎時間の主な天候または平均の天候を，天気記号で記入する。平常の停泊中は4時間おきに，その間の平均，あるいは bc（晴）〜o（曇）のように書く。

8　気圧および温度　Barometer and Temperature

　4時間おきまたは毎当直の終りの観測を記入する。気圧の変化の激しい時や荒天時等必要な場合は，毎時あるいは2時間ごとに適宜記入する。

9　波浪　Sea Condition

　航海中毎当直の終りの観測を波浪階級表により記入する。ただし，この欄は記載を省略したり，最初から設けなかったりすることが多い。

10   回転数   Revolution

毎当直の終りに機関室と連絡し，一当直の毎分平均回転数を記入する。

11   正午位置, 直航針路および航程   Noon Position, Course and Distance Made Good.

毎日正午の実測位置（Observed position, 略 Obs.）または推測位置（Position by Dead Reckoning, 略 D.R），および前日の正午（起程点通過時が前日の正午以後であれば，その時）より当日の正午までの直航針路，航程を記入する。船位は，分以下四捨五入したものとする。

12   海潮流   Current

前日正午または起程点通過時から当日正午までの海航の流向・流速（Current set and rate）を記入する。沿岸航行中は潮流の状況（例，シンガポール海峡，0130～0650東流，最大流速3節）を記入する。（E'ly）（Max. 3 K'ts）

13   偏差   Variation

航海中は0600および1800の偏差を等偏差線図より求めて記入しておく。

14   燃料, 清水, かん水   Fuel, Fresh Water, Boiler Water

搭載量，発着時の所有量，毎日の消費量を記入する。

15   検測   Sounding

各タンクやビルジの深さを朝夕2回検測した結果を記入する。

16   航海統計

つぎの事項につき，当日または前日の出港時から正午まで，正午から正午まで，当日または前日の正午から入港時まで，および港から港まで，往航，復航，往復航のものを記入する。

1   航海時間   Hours under way

船の出港時刻から，入港時刻までの時間，つまり停泊している以外の時間である。したがって漂泊や漂ちゅうの時間は，もちろん航海時間に入る。

漁船の操業時間も航海時間に入るが，漁船では別に操業時間の欄をもうけている。航海時間は普通5分単位である。そのために，出入港時刻は5分単位で切る。

(注)　出港時刻，入港時刻のきめ方については，第5章，5.1の「2 着発時刻および港名」を参照のこと。

2　航進時間，または航走時間　Hours Propelling, Propelling Hours（略 H.P.）

出港の時「機関使用適宜」（"various engine"）の状態（前進・後進・停止が適宜に使われる）から「前進」（"ahead"）にかかり，それ以後「機関停止」（"stop engine"）あるいは「後進」（astern）がかからなかった場合，その「前進」—普通は微速，半速，全速のいずれでもよい—のかかった時刻が航進時間の始まりである。赤線で「の印をつける。逆に入港時は，今まで「前進」で航走してきて，始めて「停止」または「後進」のかかった時刻が航進時間の終りである。赤線で」の印をつける。

航進時間のとり方は，船の所属する会社または官公署により違うことがある。例えば，ある会社で出港時のラングアップ・エンジンから，入港時のスタンバイ・エンジンまでを航進時間としている。

航進時間の始めと終りの間でも，しばらく機関を「停止」にした場合（例えば，水先人乗下船のような場合）は，その時間を航進時間から差し引く。

3　航走距離　Distance Run

ログによる航走距離 Distance by log（Distance through the water）と実測航走距離 Distance over the ground とに分かれる。ログを使わないときは，実測航走距離だけを書く。

4　速力　Speed

航走距離を航進時間で割ったものである。これにもログ速力 Speed by log と実測速力 Speed over the ground とがある。

5　毎分回転数および平均失脚　Revolutions per minute（略, R.P.M.）and Average slip

機関部より連絡を受けて記入する。

17　錨位　Anchor bearings

錨泊したときは，錨位・水深・底質および錨鎖の長さを記入する。錨位は最も顕著な物標を選び，その真方位・距離，または三物標以上の交差方位（磁針方位または真方位）で表わす。

例1 ⚓ 横浜防波堤✆180°3′5，12ᵐ，泥，左6節（Y'hama B.W,L't Ho. <180> 3′5，12ᵐ，m，port 6 shackles）

例2 ⚓ ○○山<360ᵐ> N30°E，○○✆N20°W，××山<1000ᵐ> East. 砂，右10節（○○Yᵃ <360ᵐ> N30°E，○○Lt' Ho. N20°W，××Yᵃ < 1000ᵐ> East, Sand, Starᵈ 10 shackles）

18　時計　Clock

当日船内時計を進め，または遅らせた場合，その分数と，（＋）…（進める），（－）…（遅らせる）の符号を記入する。

なお，累計（total）の欄には，中央標準時との時差を記入する。

19　喫水　Draft

停泊中は，朝夕2回および出入港時の喫水を測定し記入しておく。

　朝の喫水…M.D（Morning Draft）

　夕方の喫水…E.D（Evening Draft）

　出港時の喫水…L.D（Leaving Draft）

　入港時の喫水…A.D（Arrival Draft）

普通，A.D および L.D はわかりやすいように朱書するか，あるいは朱線でかこむ。

20　貨物，漁獲物の積載，陸揚げ　Loading, discharging of cargo of fish

その港で揚げ，またはおろした貨物のトン数あるいは個数を記入する。漁船はその日またはその漁場における漁獲物の種類および数量を記入しておく。なお，港で水揚げした場合はその数量，漁種などを記入する。

21　船客，郵便物　Passenger, Mail

船客の乗下船員数および郵便物の揚げおろし数量を記入する。

第5章　航海日誌記事欄の書き方

5.1　出入港に関する事項

記入すべき事項
① 出港用意および入港用意（普通省略する）
② 着発時刻および港名
③ 錨の使用
④ 係索の使用
⑤ 機関の使用
⑥ 引き船の使用
⑦ 水先人に関すること
⑧ 税関，検疫，移民検査に関すること
⑨ 錨地指定，転係，転錨
⑩ 航路標識，防波堤などの航過

　これらの記事は，ログ・ブックの中でも最も重要なもので，いわゆるスタンバイのときに船橋でサードオフィサー（一般の場合）がメモノートに記録しておくものである。このメモをスタンバイブック（stand by book）と呼び，この記録を整理してログ・ブックに記入する。

1　出港用意および入港用意
船長から発令された時刻を記入する。
　　（注）「出（入）港用意」のあとには必ず「機械用意」がかかるので，
　　　　　ログ・ブックには「機械用意」を記して，「出（入）港用意」は
　　　　　省略するのが普通である。

和　文
　0800　出港用意。出港部署につけ。
　0820　出港部署開け。

1300 入港用意。入港部署開け。

英 文

> 出（入）港用意＝S/B (*stand by*) *for leaving* (*entering*) *port*; 出港用意をする＝*prepare for sea*; 総員を出（入）港部署につける＝*station all hands for leaving* (*entering*) *port*; 出港を延期する＝*postpone sailing*

① 出港用意

S/B (stand by) for leaving port.

　(注) forを略す人もあるが，それは間違い。

② 総員を出港部署につけた。

Stationed all hands for leaving port.

③ 出港用意をした。

Prepared for sea.

④ 甲板員は（出帆準備）ィ（に従事した）。ロ

Hands <u>employed in</u>ロ <u>preparation for sea.</u>ィ

　(注) これはつぎの文のようにしてもよい。

　　　Hands preparing ship for sea.

　　　Getting all ready for sea.

　　　Getting ship ready for sea.

　　　Preparing ship for sea.

⑤ （出港部署）ィを（解いた）。ロ

<u>Dismissed</u>ロ <u>station for leaving.</u>ィ

⑥ 入港用意

S/B entering port.

⑦ 総員を入港部署につけた。

Stationed all hands for entering port.

⑧ （天候が険悪となったので）ィ出帆を（延期した）。ロ

<u>Weather becoming threatening,</u>ィ <u>postponed</u>ロ sailing.

　(注)イ．As weather became threatening と同じ。threatening＝険悪な。

⑨ 全乗組員（帰船し），ィ（陸上の人々）ロは船を去った。

All crew <u>returned aboard</u>ィ and all <u>shore people</u>ロ <u>left</u>ハ her.

2　着発時刻および港名

	岸壁・浮標係留の場合	錨泊の場合
着 時 刻	係留終了（make fast）の時刻（或いは，最初の係索を送った時刻）	錨鎖を延ばし止め切った（brought up.）の時刻（或いは投錨の時刻）
発 時 刻	最後の係索を放った（Let go mooring rope）の時刻	起錨（Anchor aweigh）の時刻，双錨泊の場合は後の錨の起錨の時刻
注 意	1．着発時刻は普通5分を単位として時刻を定める。 2．着発時刻は普通赤線の□でかこむ。 3．錨（船首）とブイ（船尾），もしくは船首尾共ブイで停泊するときは，どちらか「後」で行われた方を発時刻とする。着時刻は「前」と「後」の2通りが考えられる。 4．係留の際補助に錨を使用したときは，投揚錨時刻は記録するが着発時刻には関係ない。 5．船首を両舷錨で係止し，船尾を岸壁に係留する場合は，3．に準ずる。ただし，4．に準じて考える場合もある。 6．着発地名は「……着」および「……発……に向かう」と書く。（和文例参照）	

和文・英文例

0900　日之出桟橋に係索を送る。（Sent shore line to Hinode pier.）

0920　左舷係留終了。横浜着。（Made her fast with port side. Arrived at Yokohama.）

0900　ブイ・ロープを送る。（Sent out buoy rope.）

0915　二番ブイに係留終了，横浜着。（Made her fast to No.2 bouy. Arrived at Yokohama.）

0900　右投錨（Let go star^d anchor.）

0910　錨鎖3節とする。横浜着。（Brought up with 3 shackles of cable. Arrived at Yokohama.）

1510　係索を放つ。横浜発神戸に向かう。（Let go shore line. Left Yokohama for Kobe.）

　　1510　抜錨。横浜発神戸に向かう。(Hove up anchor. Left Yokohama for Kobe.)

　　1507　左抜錨。(Hove up port anchor.)

　　1510　右抜錨。横浜発神戸に向かう。(Hove up star^d anchor Left Y'hama for Kobe.)

　　(注)　この項の英文について詳細は,「3　錨の使用」,「4　係索の使用」を参照されたい。

3　錨の使用

1　単錨泊の場合に記入すべき事項

①　投錨の時刻およびその錨の左右別。

②　所要錨鎖を出し終った（Brought up）時刻・和文では「錨鎖……節とする」と記入する。（1,2いずれかが着時刻）

③　起錨（抜錨）の時刻。（発時刻）

　　(注)　錨位およびその水深・底質は別に欄があってそこに記入するので，水深，底質は和文では記事欄に書かないが，英文では慣習的に書く。（英文例参照）

和　文

　　1015　左投錨。

　　1025　錨鎖3節とする。神戸着・機械使用終了。

　　1530　抜錨

2　双錨泊の場合に記入すべき事項

①　第一錨を投錨した時刻およびその左右別

②　第二錨を投錨した時刻およびその左右別

③　所要錨鎖を出し終った時刻

④　第一錨の起錨となった時刻およびその左右別

⑤　第二錨の起錨となった時刻およびその左右別

具体的な記載の仕方や記入するべき事項など学んでいきましょう。

和　文

　　0930　右投錨

　　0940　左投錨

|0950| 錨鎖左3節右4節とする。横浜着，機械使用終了

1530 　右抜錨。

|1545| 　左抜錨。横浜発神戸に向かう。

3　操船上補助に錨を使用した場合に記入すべき事項

前述の投揚錨の取扱いに準ずる。投錨後直ちに錨を巻いたときは，もちろん錨鎖の長さを省略する。

和文

1030 　左投錨回頭。

1045 　抜錨

1300 　左投錨

1305 　岸壁一号に係索を送る。

|1315| 　錨鎖1節とする。右舷係留終了。神戸着。

英文

上述の錨泊に関する記註事項も含めて，錨に関するあらゆる文例を示す。

A．出港時の錨の使用（抜錨）

> 錨鎖のからみを取る。= *Clear hawse;* 錨を巻きこむ = *heave in anchor;* 錨を巻き上げる = *heave up ⚓, pick up ⚓, weigh ⚓;* 錨鎖を…節まで巻きつめる = *heave short chain cable to…shackles;* 左舷錨鎖を巻きこむ = *heave in port cable.*

（注） *(heave—hove—hove)*
（過去）（過去分詞）

① 　錨鎖のからみを取り，左舷錨鎖を巻いた。

Cleared hawse and hove in port anchor.

（注） anchor の代わりに⚓の記号を使ってもよい。

② 　左舷錨を（2節まで）¹巻きこんだ。

Hove in port cables to 2 <u>shackles.</u>₁

③ 　左舷錨鎖を二つ（2節）まで（巻きつめ）¹錨鎖のからみを取った。

<u>Hove short</u>₁ port cable to two shackles and cleared hawse.

④ 　右舷錨を巻き上げ，左舷錨鎖を45尋（ひろ）まで巻きつめた。

Picked up starboard anchor and hove in port cables to 45 fathoms

⑤ 右舷錨を上げ，（ロープにかかった）。[イ]

Hove up starboard anchor and <u>hung on ship's rope.</u>[イ]

⑥ 抜錨の用意にかかった。

Started (Commenced) unmooring.

(注) Started (Commenced) to heave up anchor. でもよい。

⑦ ⚓を巻き上げた。（揚錨した）

（前進微速後機関使用適宜）[イ]。横浜発神戸に向かった。

Hove up anchor. (Weighed ⚓). (⚓ up). <u>Slow ahead and various engine.</u>[イ]
Left Yokohama for Kobe.

⑧ ⚓を巻き上げ，（水先人の案内で）[イ]（河を下った）。[ロ]

Picked up ⚓ and <u>proceeded down the river</u>[ロ] <u>under pilot's direction.</u>[イ]

B. 入港時の錨の使用 （投錨）

> 投錨する＝*let go* ⚓, *drop* ⚓, *cast* ⚓, 錨鎖…節で係止した（かかった）
> ＝*brought up with…shackles of cable;* 水深 …m の と こ ろ に ＝*in…*
> *meters of water;* 錨鎖を繰り出す。＝*pay (veer) out chain cable;* 双錨泊
> する＝*moor.*

① （検疫錨地に）[イ]投錨した。

Let go ⚓ <u>at quarantine anchorage.</u>[イ]

② 左舷錨を（投錨し）[イ]（錨鎖3節でかかった）。[ロ]

<u>Let go port anchor</u>[イ] and <u>brought up with 3 shackles of cable.</u>

③ （東京港沖合で）[イ]（5mの水深のところに）[ロ]右舷錨を投錨し，錨鎖4節
で係止した。

Let go starboard anchor <u>in 15 meters of water</u>[ロ] <u>off Tokyo</u>[イ] and brought
up with 4 shackles of cable.

④ 神戸（港外）[イ]の20mの水深のところに，（2節の錨鎖で）[ロ]（停泊し
た）。[ハ]

<u>Anchored</u>[ハ] at Kobe <u>outer harbour</u>[イ] <u>with 2 shackles of chain</u>[ロ] in 20
meters of water.

⑤ （錨地）[イ]に到着し，左舷錨および45尋の錨鎖で錨泊した。

Arrived at <u>anchorage</u>, and anchored with port anchor and 45 f'ms of cable.

　　(注)　f'ms＝fathoms（尋，ひろ）

⑥　（投錨し）^ィ左舷錨鎖を3節（繰り出した）。^ロ

Dropped ⚓_ィ and <u>paid (veered) out</u>_ロ port chain to 3 shackles.

⑦　左舷錨鎖4節，右舷錨鎖5節で係止した。

Brought up with 4 shackles of port cable and 5 shackles of starboard cable.

⑧　（両舷錨鎖）^ィ2節で（双錨泊した）。^ロ

<u>Moored</u>_ロ with 2 shackles of <u>cable on each anchor.</u>_ィ

⑨　水深25mのところに（両舷錨鎖）^ィ3節で双錨泊した。

Moored〔ship〕in 25 meters of water with 3 shackles of <u>cable on both sides（both anchors）</u>.

4　係索の使用

記入すべき事項

①　最初の係索が岸壁またはブイに達した時刻

②　係留作業完了の時刻（1，2いずれかが着時刻となる）

③　最後の係索が岸壁またはブイを離れた時刻（出帆時刻となる）

和　文

　　0820　館山桟橋に係索を送る。

　　0830　右舷係留終了。館山着。

　　0810　右投錨。

　　0813　左投錨。

　　0818　館山桟橋に船尾係索を送る。

　　0825　船尾係留終了。館山着。

　　1520　係索を放つ，館山発三崎に向かう。

　　1522　左抜錨。

　　1525　右抜錨。

　　(注)　1525を発時刻とすることもある。

英　文

A．出港時の係索の使用（岸壁，ブイ解らん）

> 係索＝*mooring rope（line）*; 船首係索＝*bow line*, 船尾係索＝*stern line*; 陸へ出す係索＝*shore line, shore-fast*; 係索をシングルアップする ＝*single up lines*; 係索を放つ＝*let go rope, cast off line*; ブイロープを放つ＝*let go buoy rope*; ブイから錨鎖をはずす＝*unshackle cable from buoy*

① 係索をシングルアップして（出帆準備をした。）^イ

Singled up shore linse and prepared for sea._イ

② 係索を放った。神戸に向け横浜を出港した。

Let go shore line. Left Yokohama for Kobe.

③ （岸壁を解らんし）^イ神戸を出帆，門司に向かった。

Cast off berth_イ and left Kobe for Moji.

④ （係索をレッコーした）。^イ機関前進微速，水先人指揮の下に（必要に応じて種々機関を使用し）^ロ（港外に向かった）。^ハ

Cast off lines._イ Slow ahead engine. Proceeded to sea_ハ under pilot's order, using engine variously (var'ly) as required._ロ

　　（注）ロ．as required＝必要に応じて。

⑤ 係索を放った。（右舷船尾にとった）^イ（引き船の援助により）^ロ（埠頭を安全に離れた）。^ハ

Cast off lines and got clear of wharf,_ハ assisted by tug_ロ on starboard quarter._イ

　　（注）ロ．being assisted by tug（引き船により助けられながらの略）。

⑥ ブイから（錨鎖をはずし）^イスリップロープを（通した）。^ロ

Unshackled the cable_イ from the buoy and reeved_ロ slip rope.

⑦ ブイロープをレッコーし，（機関後進半速にかけ）^イ後（種々に機関と舵を使用し）^ロ港外に向かった。

〔Let go/Cast off〕buoy rope and half astern engine_イ and proceeded to sea, using engine and helm variously._ロ

（注）イ．put engine half astern の変形。

⑧　一番ブイを放ち，千葉向け函館を出帆した。

Let go No.1 buoy rope and left Hakodate for Chiba.

B.　入港時の係索の使用（岸壁，ブイ係留）

> 係索を…送る＝*send mooring rope to;* …に本船を係留する＝*make her fast to…;* …に横付けする＝*place*（put, moor）*alongside…;* ブイにシャクルでつなぐ＝*shackle to buoy*

①　（係索）ⁱを桟橋に送った。

Sent <u>mooring rope</u>ⁱ to the pier.

②　（船首尾係索）ⁱを（陸に）ᵒ送り，（桟橋に船を引きつけ）ʰ始めた。

Sent <u>bow and stern lines</u>ⁱ <u>ashore</u>ᵒ and commenced <u>hauling her alongside pier.</u>ʰ

③　日之出桟橋に（左舷側を）ⁱ（係留した）。ᵒ

<u>Made her fast</u>ᵒ <u>port side</u>ⁱ to（against）Hinode pier.

　　（注）　Made her port side fast against Hinode pier. でもよい。

④　（船首尾）ⁱを（岸壁に）ᵒ係留した。名古屋着。（機関終了）。ʰ（機関用意を解いた）

Made her fast <u>fore and aft</u>ⁱ <u>to the quay</u>ᵒ Arrived at Nagoya and <u>finished with engine.</u>ʰ

⑤　（母船）ⁱ錦城丸に（右舷側を横付けした）。ᵒ

<u>Got her alongside starboard side</u>ᵒ to <u>mother ship,</u>ⁱ Kinjomaru

⑥　ブイロープを出した。

Sent out buoy rope.

⑦　No.1 ブイに（右舷錨鎖で）係留した。

Made her fast to No. 1 Buoy（with starboard cable）.

⑧　No.2 ブイに（シャックルで係留した）ⁱ神戸着。

<u>Shackled</u>ⁱ to No. 2 Buoy. Arrived at Kobe.

　　（注）　つぎのような事項は普通記入しなくともよいが参考までに例文を示す。

(イ) No. 1 ブイのところに来て係留作業を始めた。

Arrived at No. 1 Buoy and started to moor ship.

(ロ) No. 2 ブイへの係留作業を開始した。

Started to make her fast to No. 1 buoy.

(ハ) 桟橋沖に到着し，種々に機関を使用し，船を回し始めた。

Arrived off pier and commenced to swing her round, using engine variously.

5 機関の使用

　スタンバイのときに使用した機関の運転の種類（例，前進微速，停止，機関使用終了など）は，それを発令した時刻と共にベル・ブックに全部記入しておく。第1章3の「4　ベル・ブック」参照）。スタンバイ終了後その記録を整理し，下記の記入事項だけは必ず織り込むようにしてログ・ブックに記入する。

1　入港の場合記入すべき事項

① 機関用意（S/B engine）の時刻

② 各減速の時刻，（例，全速から半速　または微速，半速から微速など）

③ 最初の停止または後進の時刻およびその運転の種類（普通この時刻が航進時間 Propelling Hour の終りとなる。）

④ 最後の停止の時刻

⑤ 機関使用終了（Finish with engine または Ring off engine）の時刻

2　出港の場合記入すべき事項

① 機関用意の時刻

② 最初に機関を使用した時刻およびその運転の種類（この時刻から機関日誌の機械使用時間が始まる）。

③ 機関（両舷機の場合は両方共）が前進のみに移った時刻およびその運転の種類（例，0821前進微速→これは0821に前進微速にしてから停止または後進がなかったということ。その前までは前後進および停止が種々であった）この時刻が普通航進時間の始まりとなる。

　(注)　航進時間に関しては，第4章16の「2　航進時間」を参照のこと。

④　前進原（全）速。（両舷機の場合は両方共）となった時刻。（この時刻を
　　航進時間の始まりとする船もある）

⑤　原速継続（Ring up engine）の時刻

　　(注) 1．入港の場合は，最初の停止または後退の時から最後の機関停止
　　　　　　　時まで，出港の場合は最初の機関使用時から機関が前進のみに
　　　　　　　移った時刻までに，使用したいろいろな運転の記録は省略し，
　　　　　　　「前進半速後適宜」（slow ahead and various）あるいは「…以
　　　　　　　後機械使用適宜」（and various engine）または（and various）
　　　　　　　とする。

　　　　　　2．入港の場合は，各減速をしてから，出港の場合は，前進のみに
　　　　　　　移った時刻から，前進の微速，半速，全速を交互にしかも頻繁
　　　　　　　に使った場合は，それらを「…後，前進適宜」（and various
　　　　　　　ahead）で表わす。

　　　　　　3．航進時間の始まりの時刻は，「で，終りの時刻は」で朱書する。

　　　　　　4．航進時間の始めと終りの時刻（分）は，普通3または6の倍数
　　　　　　　とする。（これは航進時間の分を時間に換算する場合割切れる
　　　　　　　ようにするためである）

和　文

1310　入港用意。部署につけ。機械用意。
1315　前進半速。
1320　前進微速。
1324　停止後適宜。
1335　停止。
1345　東京着。機械〔使用〕終了。

0630　出港用意。部署につけ。
0635　東京発館山に向かう。前進半速，後適宜。
0642　前進微速。以後前進適宜。
0655　前進原速。
0700　原速継続。部署開け。

英　文

> 機関を微速にする＝*slow*（ease）*down engine*; 機関を全（微）速にする＝*put eng. full*（slow）*speed*; 機関を試運転する＝*try out eng.*; 暖機する＝*warm up eng.*; 機関が故障する＝*engine gets*（becomes）*out of order, eng. goes wrong*; 機関が復旧する＝*eng. recovers*; 機関が前（後）進に回転する＝*eng. works*（goes）*ahead*（astern）

参照事項　（機械は機関とおきかえてもよい）

① 英文の場合，つぎのような機関使用号令は，そのままを発令の時刻と共に書いてよい。

　例　Put eng. full ahead. の代りに Full ahead. でよい。

　　機械用意　S/B（stand by）engine.

　　前進微速　Slow（speed）ahead…速力を減じて微速にしたときは slow down

　　前進半速　Half（speed）ahead

　　前進全速　Full（speed）ahead

　　後進微速　SIow（speed）astern

　　後進半速　Half（speed）astern

　　後進全速　Full（speed）astern

　　機械停止　Stop engine

　　右（左）前進微速　starboard（port）engine slow ah'd

　　両舷後進半速　Both（all）engines half astern

② つぎの機関使用号令は，命令形であるので，過去形にして記入する。

　　「機械宜し」（機械終了）"Finish with engine" →Finished with engine.

　　「機械宜し」（機械終了）"Ring off engine" →Rung off engine.

　　「機械宜し」（原速継続）"Ring up engine" →Rung up engine.

③ 「機械停止」"stop engine" は航海中発令された場合は stopped engine と過去形にして書く。

④ Ring up engine, Ring off engine ならびに Finish with engine は，日本語ではどれも「機械宜し」であるが，その使い分けはつぎのとおりである。

Ring up engine…出港時，機械使用適宜（various engine）から航海継続の目的で前進のみに移り，ついで前進全速（原速）になる。つぎに機械室の stand by を解除し，原速をこのまま継続してもよいというときになって"Ring up engine"を船長が命令する。

Ring off engine…入港時，投錨または仮係留してつぎの転係，転錨まで待機する場合，一時機械用意を解除するときに，Ring off engine を用いる。

Finish with engine…入港時最終的に投錨ないし係留が終り，もうこれで機械の使用は完了した，出港まで機関は使用しないという場合に Finish with engine を用いる。

⑤　Full ah'd と Ring up engine があい次いで発令されたとき Rung up full ah'd engine と書くこともあるが，正しいとは言えない。

A．出港時の機関の使用

①　門司向け神戸発，前進微速後適宜。

Left Kobe for Moji. Slow ahead and various engine.

（注）1．various→var.　2．engine→eng. でもよい。

②　後進半速（以後機関を適宜（種々に）使用した）。[イ]

Slow astern <u>& (then) used engine var'ly.</u>[イ]

（注）1．Slow astern and then used engine in many ways.

2．variously←var'ly　3．and←& でもよい。

③　前進半速以後（前進適宜に）[イ]機関を使用した。

Half speed ahead and then used engine <u>ahead var'ly.</u>[イ]

（注）イ．Half ah,d & var. ah'd. でもよい。

④　防波堤端（灯台）[イ]を（航過した）[ロ]。前進全速。

<u>Cleared</u>[ロ] B/W（breakwater）end <u>L't Ho.</u>[イ] Full ahead.

（注）イ．Light House の略。

⑤　原速継続（機械宜しい）

Rung up engine.

B．入港時の機関の使用

①　機械用意，前進微速（微速に減速）。

S/B eng. Slow down.

② 前進微速，（以後前進適宜）。¹

Slow down eng. and then used eng. ah'd var'ly.¹

   （注） Slow down & var. ah'd. でもよい。

③ 機械停止，あと（必要に応じ），¹機械を適宜使用した。

Stop eng. and then used eng. var'ly as required.¹

④ 機械停止，神戸着，機械使用終了。

Stop engine. Arrived at Kobe and F/W engine.

   （注） Finished with→F/W

C．航海中の機関の使用

① （機関士の要求により）¹機関を微速にした。

Slowed（Eased）down engine for engineer's purpose.¹

② 機関士の要求により機関を停止した。

Stopped engine for engineer's purpose. /Stopped engine for engineer's request. /Stopped engine for engineer's sake.

③ （操舵機）¹（修理）ロ（のため）ハ機関を停止した。

Stopped eng. for (the purpose of)ハ repairingロ steering gear.¹ /Stopped eng. to repair steering eng.

④ （船の交通）¹が（さくそうしている）ロ（ため）ハ機関を停止した。

Stopped eng. (due to / owing to)ハ confusedロ traffic.¹

6　引き船の使用

記入すべき事項

① 引き船の船名。

② 引き綱を船内に結び付けた場所（船首，船尾，右舷，左舷等）。

③ 引き船を取った時刻（引き綱を取らず，引き船が本船を押した場合は，その引き船を操船補助に使用した時刻）

④ 引き船を放った時刻

和　文

1600　引き船東丸を船首，南丸を船尾に取る。

1630　引き船を放つ。

英　文

> 引き船を取る＝*take tug*; 曳索を取る，曳航する＝*take in tow*; 舷側曳
> 航をする＝*tow alongside*; 引き船する＝*tow a ship, have a ship in tow*;
> 引き船に曳航されて＝*in tow of tug, under tug, being towed by tug*; 引き
> 船に援助されて（されながら）＝(being) *assisted by tug, with tug
> assistance*;, 引き船を放つ＝*let go tow*（tug）, *cast off tow*（tug）

① 引き船東丸を（船首に），^イ南丸を（船尾に）^ロ（取った）。^ハ

　Took_ロ tug "Higashi maru" <u>(on bow/fore)</u>_イ and "Minami maru" <u>(on stern/aft)</u>_ロ

② 引き船西丸を（左舷船尾に）^イ取った。

　Took tug "Nishi maru" <u>on port quarter.</u>_イ

　　（注） Tug "Nishi maru" made her fast on our port quarter. としても
　　よい。

③ 引き船北丸が（着舷し）^イ（左舷中央に）^ロ係止した。

　Tug "Kita maru" <u>came alongside</u>_イ and made fast <u>on port beam.</u>

④ 他の引き船 "富士丸" は，右舷に係止した。

　Another tug "Fuji maru" made fast on star^d side.

　　（注） starboard→star^d

⑤ 二隻の引き船浪丸，高丸が（本船についた）^イ（ついて操船の援助をした）

　Two tugs "Nami maru" and "Taka maru" <u>attended her.</u>_イ

⑥ 引き船水戸丸が右舷船首を（押した）。^イ

　Tug "Mito maru" <u>gave her push</u>_イ on star^d bow.

⑦ （引き船に引かれて）^イ（錨地）^ロに進んだ。

　Proceeded to her <u>anchorage</u>_ロ <u>under tow.</u>_イ

⑧ （引き船に援助され）^イ（停泊場所）^ロの三番ブイに進んだ。

　Proceeded to her <u>berth</u>_ロ, No. 3 Buoy, <u>assisted by tug.</u>_イ

⑨ 引き船を放った。

Let go tug. (Cast off tug.)

7　水 先 人

記入すべき事項

① 　水先人の氏名

② 　水先人乗下船時刻

③ 　水先人乗下船時の船位

和　文

0830　水先人鈴木一郎氏（鈴木水先人）乗船。

　　　（注　停泊中の場合）

0910　本牧⚓に並航，鈴木水先人退船。

1430　千葉港口⚓右舷 2′ に並航，佐藤水先人乗船。

　　　（注　航行中の場合）

1500　千葉着，佐藤水先人退船。

英　文

　沿岸水先人＝*coasting pilot, coast pilot*; 外海水先人＝*sea pilot*; 港湾水先人＝*harbor pilot*; 港内（係離岸専門）水先人＝*dock pilot*; 水先人を乗船させる＝*enbark pilot, pick up pilot, receive pilot on board*; 水先人を取る＝*take pilot*; 水先人をやとう＝*engage pilot*; 水先人を下船させる＝*drop pilot, discharge pilot*; 水先人が乗船する＝*pilot comes on board, pilot arrives on board*; 水先人が下船する＝*pilot leaves ship*; 水先人を求める信号をする＝*make a signal for a pilot*; 水先人を待つ＝*wait for a pilot*

---

① 　機関停止をして，水先人を（待った）。ｲ

Stopped engine and <u>waited for</u>ｲ pilot.

② 　（本牧狆で）ｲ（水先人を取るため）ﾛ停船した。

Stopped her <u>off Honmoku</u>ｲ <u>for pilot.</u>ﾛ

③ 　本牧⚓を（北 2 海里に望み）ｲ 山田水先人が（乗船した）。ﾛ

Honmoku L't B'y <u>bore 2′ north off</u>ｲ Mr. Yamada, Pilot, <u>boarded.</u>ﾛ

（注） boreはbear（目標がある方向に位する）の過去。

④　水先人高橋一郎氏が（乗船した）。^イ前進全速。（港内に進行した）。^ロ

Mr. I. Takahashi, Pilot, <u>came on board</u>_イ. Full ahead and <u>proceeded into</u> <u>port.</u>_ロ

⑤　六島企を（右舷2′に並航し）^イ山田水先人が（乗船した）。^ロ

Mushima L. H. <u>ab'm starboard side 2′ off</u>_イ, Mr. Yamada, Pilot, <u>arrived</u> <u>on board.</u>_ロ

　　（注）1．Light House→L. H.　2．abeam→ab'm

⑥　水先人を（乗船させ）^イ（全速にした）。^ロ

<u>Picked up</u>_イ pilot and <u>set fuil.</u>_ロ

⑦　佐藤水先人を（乗船させ），^イ水先人指揮の下，（前進全速で）^ロ（進行した）。^ハ

<u>Embarkd</u>_イ Mr, Sato, Pilot, and <u>proceeded</u>_ハ <u>at full speed ahead</u>_ロ under his direction.

⑧　係索をレッコーし，水先人指揮の下に（港外に向かった）。^イ

Let go lines and <u>proceeded to sea</u>_イ under pilot's order.

⑨　大黒島灯台沖で水先人が下船した。

Pilot left her off Daikoku S^a L.H.

　　（注）　Shima（島）→S^a

⑩　水先人を降ろし，港外に進行した。

<u>Discharged</u>_イ pilot and proeeded to sea.

8　税関，検疫ならびに移民検査
記入すべき事項
①　税関吏，検疫官，移民検査官の乗下船の時刻
②　検疫結果
和　文
　0800　検疫官乗船，総員後甲板集合，検疫。
　0815　検疫許可証を受ける。検疫官退船。
　0830　税関官吏，移民検査官乗船，各検査を受ける。

0900　上記係官退船。

0830　税関官吏貨物積み降ろし監視のため乗船。

英　文

> 検疫錨地＝*quarantine anchorage*; 検疫官＝*quarantine officer*; 交通
> 許可証＝*pratique*（検疫に合格した場合交付される陸との交通許可書）;
> 健康証書，健全証書＝*Bill of Health, B.H.*（外国航路船が出帆当時その
> 港に伝染病が流行せず，また本船が健全なことを証明するもの）検疫に
> 関する病名→コレラ＝*Cholera*; 天然とう＝*Smallpox, Chickenpox*; しょ
> うこう熱＝*Scarlet fever*; 黄熱＝*Yellow fever*; ペスト＝*Plague*; 腸チフス
> ＝*Typhoid*; 流行性感冒＝*Epidemic influenza*; ジフテリア＝*Diphtheria*;
> 発疹チフス＝*Eruptive typhus*; 検査に合格する＝*pass the inspection*;
> B.H. を交付される＝*get B.H, be granted*; B.H.; 税関検査＝*customs
> inspection*; 移民検査＝*immigration inspection*

① （検疫錨地）ｲに投錨し，（検疫官）ﾛ〔の乗船〕を待った。

Anchored at quarantine anchorageｲ and waited for quarantine officer.ﾛ

② 検疫官乗船。（船客）とｲ（乗組員）ﾛを（検閲した）。ﾊ

Quarantine officers came on board and inspectedﾊ passengersｲ and crew.ﾛ

③ 検疫検査に（合格し）ｲ（交通許可証）ﾛを（もらった）。ﾊ

Passedｲ quarantine inspection and gotﾊ pratique.ﾛ

④ 検疫終了し，3名のコレラ（患者）ｲが（発見され）ﾛ（船内に隔離され
た）。ﾊ

Finished quarantine and three cholera patientsｲ 〔were〕foundﾛ and
isolated on board.ﾊ

⑤ 4名のトラコーマの船客は（上陸すること）ｲを（拒絶された）。ﾛ

Four trachoma passengers 〔were〕refusedﾛ to land.ｲ

⑥ 検疫官退船。

Quarantine officer left ship.

⑦ （税関官吏）ｲ（移民検査官）ﾛ乗船し，（それぞれ）ﾊ検査をした。

Customs officerｲ and immigration officerﾛ came on board and inspected

<u>respectively.</u>、

⑧　（上記）ｲ検査終了し，（各係官）ﾛ退船した。

Finished <u>above</u>ｲinspection and <u>each officer</u>ﾛ left ship.

⑨　（船内を全部）ｲサーチしたが，（何も発見されなかった）。ﾛ

Searched <u>all over the ship</u>ｲ and <u>(nothing found)</u>.ﾛ

9　錨地指定および転係，転錨

バース（錨地，係留場所）の指定を受けた場合は，その時刻とバース名を記入する。

和　文

1600　三番ブイ係留の指定を受ける。（第1区投錨の指定を受ける）

英　文

> バース指定書＝*berth order*; バースの指定を受ける＝*get assignment of berth, get berth order*; 転係＝*shifting*; 転錨＝*shifting, shifting anchorage*; 転係（錨）する＝*shift*

①　（港務官）ｲ乗船，（バース指定書）ﾛを（もらった）。ﾊ

<u>Harbour officer</u>ｲ boarded and <u>granted</u>、<u>berth order.</u>ﾛ

②　日之出桟橋（係留の指定）ｲを受けた。

<u>Got the assignment to go (get) alongside</u>ｲ Hinode pier.

③　抜錨し，（さらに陸地近くへ）ｲ（転錨）ﾛを開始した。

Hove up anchor and commenced <u>shifting 〔her〕</u>ﾛ <u>closer to shore.</u>ｲ

④　係索を放ち，転係を開始した。

Let go shore line and commenced shifting.

⑤　日之出桟橋に右舷側を係留し，転係を終了した。

Made her fast to Hinode pier on her star^d side and finished shifting.

⑥　抜錨し，（少し南方へ）ｲ進んだ。

Hove up anchor and proceeded <u>a little southward.</u>ｲ

⑦　15mの水深の地点に2節の錨鎖でふたたび錨泊した。

Anchored again in 15 meters of water with 2 shackles of cable.

⑧ 引き船「竜田」に（引かれて）イ（指定錨地）ロに進んだ。

Being towed イ by tug "Tatsuta", proceeded to appointed anchorage.ロ

⑨ 係索を（巻いて）イ船を（岸壁の奥の方へ）ロシフトした。

Shifted her further up wharf,ロ warping イ mooring rope.

10 航路標識，防波堤等の航過

航海中と同様出入港時も，何時何分ごろには船がどこにいたか，あとでわかるよう，この記録をする。

和 文・英 文

0800 （第一航路）イ（入口）ロを（無事通過）。ハ

Cleared out、ハ No. 1 Fairway イ entrance.ロ

1600 （航路）イを抜け終る。

Cleared passage イ

（防波堤突端）イを通過。

〔Cleared／Passed clear of〕breakwater end.

1630 港口ブイを通過。

Passed harbor entrance buoy.

5.2 航海中に関する事項

記入すべき事項

① 針路に関すること
② 測程儀に関すること
③ 船位決定に適当な物標の航過および初認
④ 測深の実施
⑤ 霧中信号の実施
⑥ 風，天候ならびに海面の状況
⑦ 船体の動揺，海水浸入状況
⑧ 船内使用時の改正
⑨ 赤道，日付変更線の通過

⑩　他船の航過

⑪　信号の実施

⑫　部署操練の実施

⑬　天測，海洋観測

⑭　レーダー，ロラン，方探などの使用

⑮　見張り

⑯　船内作業の状況（停泊中に準ずる）

1　針　　路

記入すべき事項

①　出港して初めて定針（針路を定めること。set co.）した時刻，場所（著明物標からの方位，距離），新針路および測程儀示度（普通は定針と同時に 0 にセットする）

②　変針した時刻，場所（物標が見えないときは，その方位距離は書かない）

③　「針路不定」（針路を頻繁に変えるときは一々書いていられないので，そうし始めたときから針路不定 various co. とする）にした時刻，場所および測程儀示度

和　文

0815　剣崎合258° 2′，235°に定針，測程儀を流し，0 に合わせる。

1030　大島合142° 2′に並航。240°に変針。5′

1750　剣崎合300° 4′，0°に変針。145′

1820　観音崎合270° 1′に並航。以後針路不定，測程儀を収める。150′

英　文

> …に変針する＝*alter course* (*a/co*) *to*…; に定針する＝*set course* (*s/co*) *to*…, *shape course for*; 針路不定とする＝*a/co var'ly, steer var'ly* (*variously*); ……の号令により操舵する＝*steer by*…'s *order, steer under*…'s *orders* (direction)

A．針路。操舵に関して，スタンバイのときは，一般につぎのように書かれる。

① （船長の号令で）^イ種々に（操舵した。）^ロ

Steered_ロ variously（var'ly）under captain's direction._イ

② （船長の号令通り）^イ針路不定（で航進した。）

Course var'ly as per captain's order._イ

③ （水先人の号令により）^イ操舵した。

Steering by pilot's order._イ（注）イ．under pilot's orders; under pilot's direction. でも良い。

④ 水道を（安全に通過し）^イ船長の号令により操舵した。

Passed clear_イ passage and steered by captain's order.

B．港外または狭水道外では。

① 観音崎灯台を WSW 1′ に航過，（S/E に定針した）^イ。（（曳航）測程儀を流し指針を零に合わせた。）^ロ

P^d（passed）Kannon Zⁱ L.H. on WSW, 1′ off, s/co（set course）to S/E._イ Streamed and set p. log._ロ

　　（注） s/co on……もよく見られるが，英米では用いられていない。

② 洲の崎灯光 S/E 1′ に並航，（SW/W に変針した。）^イ測程儀 10′。

Suno Sⁱ L't（Light）abeam SE, 1′ off, a/co（altered course）to SW/W._イ plog 10′.

③ 友ヶ島灯台を8°．5′に望み，（針路不定とし）^イ測程儀を（収めた。）^ロ（示度130′。）^ハ

Tomoga S^a L.H. bore ＜008＞, 5′ off, a/co var'ly_イ and took in_ロ p. log showing 130′._ハ

　　（注）ハ．「130マイルを示している」の意味。イ．は a/co to var. と書く人もいるが，これも英米では見られない。

2　測　程　儀

記入すべき事項

① 測程儀使用の開始および終了の時刻，場所（著明物標からの方位，距離），および示度

② 変針したときの示度

③　主な物標に並航したときの示度

④　毎当直終りの示度

⑤　測深したときの示度

⑥　物標初認のときの示度

⑦　その他必要なとき（例えば溺者や海難発生のとき）

和　文　（「1　針路」を参照）

　　(注)1．測程儀使用の開始は，P. logの場合「測程儀を流す」船底測程
　　　　　儀の場合「測程儀を装す」と書く。

　　　　2．測程儀使用の終了は，「測程儀を取入れる（収める）」と書く。

英　文

　曳航測程儀を流す＝*stream P.log;* 船底測程儀を作動させる＝*operate
bottom log;* 測程議の示度を零にする（しなおす）＝*set*（reset）*log;* 測
定儀を取り込む＝*take*（haul）*in log;* 曳航測程儀＝*patent log. P. log;* 船
底測程儀＝*bottom log, B. log*

　　(注)①，②，③は，「1　針路」のBを参照。

④　小島灯台を北 1′ に並航した。（測程儀示度50′ を零にした。）イ Ko Sª L.H.
ab'm SE, 1′ off, P. log 50′ and reset it.イ

⑤　（測程儀が265′ を示したとき）イ東に変針した。
a/co to East when P. log showed 65′.イ

⑥　測程儀に（異状のあるのを）イ（発見し）ロ（取り入れた。）ハ
Foundロ something wrongイ on the log and hauled it in.ハ

⑦　（検査の上）イ（測程儀を流し直した。）ロ
Streamed and set P. log againロ after examination.イ

3　著明物標の視認および航過

記入すべき事項

①　船位決定に適当な物標を航過し，または初めて視認した時刻

②　その物標の方位，距離

③　そのときの測程儀の示度

(注)① 物標に正横になったときは「並航」(beam) とする。

② 航路標識の名称・種類は灯台表記載のものに従う。

③ 山・島・岬角などの名称は水路誌に従うのがよいが,海図にはっきりしているときは海図に従ってもよい。

④ 山頂や島頂などには,名称のつぎに高さを( )内に書く。

⑤ 灯台・灯標・灯浮標を夜間その光だけ認めた場合,和文ならば昼間同様「何々⚓」「何々⚓」等々と書き,英文ならば"⋯⋯ L't (Light)" とする。英文の場合昼間は L.H. (Light House, L't Ho., 灯台),L't Ve. (Light vessel, 灯船)⋯⋯と書く。

⑥ beam on はよいが,abeam on としてはいけない。

⑦ ⋯⋯10′ off はよいが,⋯dist. 10′ off としてはいけない。

和　文

0230　大島⚓S20° W20′ に初認。123′

1020　大房岬N10° E5′ に並航。360′

1800　浮島頂 (60m) N86° E5′,N10° W に変針。

⋯を NW に初認した＝*made out⋯on NW, sighted* (obsered) *⋯on NW*; ⋯灯火を East 20′ に初認した＝*sighted⋯⋯L't on East 20′ off, observed⋯L'ton East, dist.* (distant) *20 miles*; ～を180° 10′ に望んで⋯* ＝ ～ *bearing 180°, dist.10′, ～ bore 180°, 10′ off⋯*; ～を90°, 5′ に並航した＝～ *ab'm* (abeam) *90°, 5′ off*; ～を270° に航過した＝*passed ～ on 270°*

(注)＊　Bore～on 180°,10′ off⋯⋯とよく書かれるが,英文としては誤りである。

① 犬吠埼灯台を北西約 10′ に初認した。[1]

<u>Sighted (Observed, Made out)</u> Inubo S[i] L. H. on NW, about 10′ off.

(注)　on の代りに分詞の bearing を用いた方が格調高い。

② 小島灯火を 130° 20′ に初認した。

Sighted Kozima L't on <130>, 20′ off.

(注)　灯光の初認のときは sighted を使う。

③ （同上の灯火を 180° 15′ に望み，）ィ 355° に変針した。

　Do. L't bore ＜180＞, dist. 15′ィ and a/co to ＜355＞.

　　（注）イ．Do. L't brg ＜180＞, dist. 15′ でもよい。do.＝ditto（同上の），
　　　　　dist.＝distant（はなれている）。

④ 小島灯台が N20°W5′ に（見えた。）ィ

　Ko Sᵃ L.H.〔was〕seenィ, bearing N20° W, distant 5′ı.

　　（注）1．方位 N20° W におり，5′ はなれている（のが）

⑤ 三島（200m）を左舷船首に望んだ。

　Mi Sᵃ（200m）〔was〕sighted（seen）on port bow.

⑥ 吉野灯光を南に並航した。

　Yoshino L't ab'm south, 1′ off.

　　（注）　Yoshino L't beam on south, 1′ off. とも書かれるが，よくない。

⑦ 丸山灯台を 350° 2′ に航過した。

　P'd（passed）Maruyama L.H. on ＜350°＞, 2′ off.

⑧ 本牧ブイを右舷 1′ に航過した。

　P'd Honmoku Buoy on starᵈ side 1′ off.

4　霧中航行

霧・雪等の濃密な天候になった時刻，それが晴れた時刻，霧中信号開始・終了の時刻を書く。

和 文

　1000　濃務となる。霧中信号開始。

　1200　霧中信号継続。

　1500　霧晴れる。霧中信号終了。

英 文

> 霧がかかった＝*fog set in;* 霧がはれた＝*fog cleared away, fog lifted;*
> 天候が濃密になった＝*weather became thick;* 霧中信号を鳴らした＝*fog*
> *signal attended to;* 霧中信号を鳴らし続けた＝*fog signal kept going, kept*
> *fog signal going;* ホイッスル（サイレン）を吹く＝*blow whistle* (siren);
> ベルをならす＝*ring bell;* 規定の間隔で＝*at regulation intervals*

① （霧となり）^{イ}（霧中信号を吹き鳴らした。）^{ロ}

Fog set in$_{イ}$ and fog signals attended to.$_{ロ}$

② 霧と豪雨になった。（海上衝突予防法規定の）^{イ}汽笛を（吹鳴した。）^{ロ}

Fog and heavy rain. Blew$_{ロ}$ steam whistle as required by Act on preventing collisions at sea.$_{イ}$

③ （国際霧中規則が）^{イ}（厳重に）^{ロ}（守られた。）^{ハ}

International fog regulation$_{イ}$ strictly$_{ロ}$ complied with.$_{ハ}$

④ 規則の霧中信号を（励行し続けた。）^{イ}

Kept regulation fog signal going.

⑤ （ぬか雨を伴い）^{イ}（濃霧となった。）^{ロ}

(Dense fog set in)$_{ロ}$ with mizzling.$_{イ}$

⑥ （ときどき）^{イ}霧が散在。

Fog patches (at times.)$_{イ}$

　　（注）　Patches of fog at times. とも書く。

⑦ 濃霧〔となり〕，機械用意〔を令した。〕

Dense fog, stand by engine.

⑧ （霧堤）^{イ}に入り，（機関を停止し）^{ロ}汽笛を吹鳴した。

Run into fog bank,$_{イ}$ stopped eng.$_{ロ}$ and whistle kept going on.

⑨ （濃密な天候）^{イ}〔となったので〕機関微速とした。

Thick foggy weather$_{イ}$ and put engine slow.

⑩ （霧がはれ），^{イ}全速力〔にした〕。

Fog cleared away$_{イ}$ and full speed ahead.

⑪ 霧がはれた。（抜錨し）^{イ}（航海を継続した。）^{ロ}

Fog cleared away, weighed anchor$_{イ}$ and proceeded to underway.$_{ロ}$

5　測　　深
記入すべき事項
① 測深した時刻

② 測得した水深

③ 底質

④ そのときのログの示度

(注)① 音響測深儀で連続測深を行ったときは，行船上重要と思われるものをとって記録しておく。

② 測深しても，水深が得られないときは「とどかない」，「測鉛が水底に達しない」，「水深が得られない」（no bottom）と書く。

和　文

1000　測深する。21m，泥，測程儀125′。

1530　測深する，とどかない，測程儀180′。

英　文

> 測深を行った＝*sounded, took sounding;* 測深がなされた＝*sounding attended, sounding taken.* 海底に達しない＝*no bottom,* 水深…m を得た＝*got…meters;* 音響測深＝*echo sounding;* 底質＝*bottom's quality, nature of bottom.*

① （測深し）イ（50mの水深を得た。）ロ ログ120′。

　Sounded sea bottomイ and got 50 meters.ロ log 120′

　(注)　Sounding taken, 50 meters, log 120′.とも書く。

② 測深し水深20m，（底質泥を得た。）イ

　Sounded bottom and got 20 meters with mud.イ

③ 測深したが（水深が得られなかった）イ。

　Took sounding, no bottom.イ

④ （〔測鉛で〕測深を行ったが）イ，測鉛は海底に達しなかった。

　Took a cast of lead,イ no bottom.

⑤ （音響測深儀）イで測深し，50mを得た。

　Sounded by echo sounderイ and got 50 meters.

⑥ （反響）イにより（底質は砂と判明した。）ロ

　Found bottom's quality sandロ by echo.イ

6　風，天候ならびに海面の状況

これらに関して書くべきことは，つぎの二つに分けられる。

A. 当直時間中の記入事項

B. 当直交替時の記入事項

なお，停泊中荷役に影響のあった天候は，「A. 当直時間中の記入事項」に準じて記載する。

A. 当直時間中記入すべき事項

① 雨・雪などの終始時刻（普通は航海や船内の作業などに関係ある場合に限られる）

② 暴風雨・豪雪・風向の急変等異常の天候

③ 気圧の急変

和　文

0830　吹雪となる。

1000　雪止む。

1830　早手，豪雨を伴う。気圧急激に下降。

2000　風向　NEに急変する。雨止む。

2335　しきりに驟雨（しゅうう）来る。

英　文

> 風が吹き出した（急に強くなった）＝*wind sprung up, wind freshened;* 風がないだ＝*wind abated, wind fell light;* 風力がおとろえた＝*wind decreased its force;* 風向が…に変わった＝*wind shifted to …*（突然に変わる場合），*wind veered to…*（しだいに変わる場合），*wind hauled to…*（一般）; 風向が不定＝*wind unsteady;* たえず大雨＝*constant heavy rain;* ときどきのスコール＝*occasional squall;* 引き続く雪スコール＝*continuous snow squall;* 空が晴れた＝*sky cleared, weather cleared up;* 降雨となった＝*it began to rain;* 雨が止んだ＝*rain ceased*

① （和風）ｲが北方から（雨をまじえて）ﾛ（吹き出し）ﾊ早くも（強風となった。）ﾆ

　Moderate breezeｲ sprung upﾊ from northward with rainﾛ and rapidly increased to galeﾆ.

② 強風が急に（吹き始めた。）ｲ

Strong wind <u>began to blow</u>ィ suddenly.

③　強風が吹き出した。

(Moderate) gale sprung up

④　強風がないだ。

Gale abated.

⑤　豪雨。(激しい)ィ雷光 (を伴っている)。

Heavy rain and <u>vivid</u>ィ lightening.

⑥　(雷鳴の大あらし)ィ，激しい雷光 (があった。)

<u>Thunder storm</u>ィ with vivid lightening.

⑦　(軽い)ィスコールが (しきり)ロ (に来る)。

<u>Frequent</u>ロ <u>light</u>ィ squalls.

⑧　天候が (悪(良)くなっている。)ィ

Weather <u>getting worse (better).</u>ロ

⑨　天候が険悪となった。

It became threatening.

⑩　気圧計が急に (990ヘクトパスカルに降下した。)ィ

Barometer <u>fell to 990 hPa</u>ィ suddenly.

⑪　気圧計が上昇した (しつつある)。

Barometer rose (rising).

⑫　気圧計が下降しつつある。

Barometer falling.

⑬　降雪のため天候が濃密になった。

Weather became very thick with snow.

⑭　(あられまじりの)ィ激しいスコール。

Heavy squalls <u>with hail.</u>ィ

　　(注)　Heavy hail-squalls. でもよい。

B．当直交替時記入すべき事項

①　風力 (「ビューフォート風力階級」による名称を書く) (巻末参照)

②　天候 (本欄に記載した天気記号と一致するように説明的に書く) (巻末
　　参照)

③　海面の状況（「風浪階級」による波の状態，うねりがあるときはその方
　向と「うねり階級」によるうねりの状態を書く）（巻末参照）

　(注) 1．風力および天候は本欄に数字および記号で書いてあるので，記
　　　　　　事欄には省略されることがある。

　　　　　2．海面の状況のあとに「7　船体の動揺および海水奔入の状況」
　　　　　　を付け加える。

　　　　　3．英文の場合必ずしもきまりきった語句を使わなくてもよい。

形　式　風力名称＋空模様＋海上模様

和　文

　0400　軽風，半晴，海面なめらか。

　0800　軟風，曇，海面少々浪がある。NEのうねりやや大きい。

英　文

　たえまない大雨＝*constant heavy rain;* 時々のスコール＝*occasional
squall;* 不安定の風：*unsteady wind;* 船首方からのウネリ＝*head swell;*
当直中＝*throughout the watch;* 時々＝*occasionally, at times;* ひんぱん
に＝*frequently;* 常に＝*all the time;* たえず＝*continuously;* &＝*and;* w/
＝*with*

---

①　軽風で天候晴，（波静か）ᐦ（海面なめらか）である。

　Light breeze & fine wʳ w/smooth sea.

　　(注)　weather＝wʳ, w/＝with＝……を伴っている。

②　雄風で曇天，（浪がやや高い。）ᐦ

　Strong breeze & overcast cloudy wʳ w/rough sea.ᐦ

　　(注) イ．and sea rough としてもよい。

③　和風で，（やや雨が強い）ᐦ，かなり浪がある。

　Moderate breeze w/rather heavy rainᐦ & sea moderate.

④　軽風で，晴天，（地平線にガス気がある。）ᐦ

　Light air & fine wʳ w/hazy horizon.ᐦ

　　(注) イ．hazy＝もやのかかった。

⑤　雄風で曇，（時々）ᐦ豪雨を伴い（つねに）ᵈ雷光がある。

Strong breeze & overcast, accompanying heavy rain at <u>times</u>, & lightening <u>throughout</u>.

（注）　accompanying……＝そして……を伴っている。

⑥　浪荒く SE のうねりが大きい。

①Sea rough w/ SE'ly heavy swell. ②Rough sea & SE'ly heavy swell.

（注）　①は sea was rough……②は we had rough sea……の略。

7　船体の動揺および海水奔入の状況

当直交替時，風力・天候・海面の状況のあとに付記する。

和文では船体の動揺が顕著なとき，つぎの階級に分けて記入するのが普通である。

①　やや動揺する。　　②　動揺大である。　　③　動揺はなはだしい。

④　動揺激しい。

英文では動揺の程度をつぎのような副詞で表わす。

ゆるやかに横揺（縦揺）する＝*rolling*（pitching）*easily;* わずかに横揺する＝*rolling*（pitching）*slightly;* かなり横揺（縦揺）する＝*rolling*（pitching）*moderately;* 荒らく横揺（縦揺）する＝*rolling*（pitching）*roughly;* ひどく横揺（縦揺）する…*rolling*（pitching）*heavily;* 非常に激しく横揺（縦揺）する＝*rolling*（pitching）*violently*（very heavily）

なお動揺は，横揺（rolling）・縦揺（pitching）・動揺（縦・横揺）（laboring）の三つに分ける。

海水奔入の状況は和文の場合だいたいつぎの二つに分ける。

①　波浪ときどき甲板に打ち込む。

②　波浪ひんぱんに甲板に打ち込む。

英文ではこれに準じ適宜表現する。

和　文

　0400　East のうねりやや大。縦揺大である。海水ときどき甲板を洗う。

　0800　NE のうねりはなはだしく，動揺激しい。大波つねに甲板を洗う。

英　文

　　しぶきが上がっている＝*shipping* (taking) *spray*;（船に）大波が打ち込んでいる，（船が）大波をすくい上げている＝*shipping big* (heavy) *seas* (water); 波が‥甲板に打ち込んでいる＝*shipping seas on…deck*; 船が動揺している＝*ship working*; 船が進航に骨を折っている＝*ship labouring* (laboring)．波がたくさん甲板に打ち込んだ＝*sea spread much on deck.*

---

① 　西のうねりに船体はゆるやかにローリングしている。

　Ship rolling easily on W'ly swell.

　　(注)　westerly→W'ly, 英米ではこの文の on の代りに in または to が
　　　　慣用される。

② 　大きな横のうねりにひどくローリングしている。

　Ship rolling heavily on high beam swell.

③ 　南の長いうねりにひどくピッチングする。

　Ship pitching heavily on S'ly long swell.

　　(注)　southerly→S'ly

④ 　船体動揺，きしみ激しく，（大波はつねに甲板に打ち上げている）。[1]

　Ship labouring, straining heavily and shipping large quantity of water on decks all the time.[1]

⑤ 　船体の動揺荒く，多量の海水が（前後甲板に）[1]打ち上げている。

　Ship labouring roughly and shipping much seas on fore & aft decks.[1]

　　(注)　イ．fore and aft と簡潔にできる。

⑥ 　大波が打ち込み，（前後凹甲板はつねに水びたしである）。[1]

　Shipping heavy seas & flooding fore & aft well deck all the times.[1]

　　(注)イ．flood＝あふれさせる，氾濫させる。

8　船内使用時の改正

船内時間を動かしたとき記入すべき事項

① 　時計を動かした時刻

② 　時計を動かした量（時間，分）

③ 時計の前進，後進の別

④ 時計を合わせた基準時またはある経度の平時（または視時）

和　文

　0400　10分前針。（シャトル標準時）

　0400　18分後針。（160°－00′の視時）

英　文

> 時計を…分進めた＝*put*（set, corrected, adjusted）*clock ahead*（ah'd）
> …*m, advanced*（forwarded）*clock;* 時計を遅らせた＝*put*（set,
> corrected, adjusted）*clock back, retarded*（backed, returned, reduced）
> *clock;* …（日本標準時）に合わせるため＝*for*…（J.S.T）; 経度…度の平
> 時＝*S.M.T. in Long*…; 標準時＝*standard time, S.T.*

① 西経120°―10′の（地方視時（船内真時）に合わせるため）[イ]（時計を10
　分進めた。）[ロ]

　Put clocks ahead 10 m[ロ] for S.A.T.[イ] in Long 120°―10′E

② 正午の地方平時に合わせるため，時計を12分進めた。

　Advanced clocks 12 m for S.M.T. at noon.

③ 香港標準時（120°―00′E）に合わせるため，時計を20分遅らせた。

　Put clocks aback 20 m for standard time at Hongkong.（Long120°―00′
E）

④ 東経90°の正午地方視時に合わせるため，船内の全部の時計を24分遅ら
　せた。

　Retarded all ship's clocks 24 m for S.A.T. at noon in Long 90°―00′E

9　日付変更線および赤道通過

1　日付変更線通過時記入すべき事項

① 通過の時刻

② 通過の方向（西か東か）および通過したということ

③ 日付を繰り返したか，とび越えたか（記事欄上段または欄外に書く）

④ 通過時の緯度

⑤　子午線通過祝日として休業したとすればそのこと（別の行）

2　赤道通過時記入すべき事項

①　通過時刻

②　通過したこと

③　通過時の経度

④　休業したとすればそのこと（別の行）

⑤　赤道祭をしたとすればそのこと（別の行）

和　文

0300　180°子午線を東へ通過，日付を繰り返して8月10日とする。（180°子午線を西へ通過。日付をとばして7月20日とする。）緯度28°—10′ N。

0900　子午線通過祝日につき甲板員休業。

0900　赤道祭につき休業。

1100　赤道を通過。経度135°—20′ E

英　文

> …を通過した＝p'd（passed）…, crossed…; 日付変更線＝date line, 180° meridian. meridian of 180°; 赤道＝equator, the line;（180°）子午線通過祝日＝meridian day; 赤道祭＝Neptune's revel, ceremony of crossing the line; 日付を繰り返した＝repeated the date; 日付をとばした＝skipped the date

A．日付変更線通過

①　北緯40°—10′で180°子午線を東から西へ通過した。

Crossed the meridian of 180°（180° meridian）in lat. 40°—10′ N. from East to West.

②　南緯5°—30′で日付変更線を西から東へ通過した。

Passed the date line in lat. 5°—30′ S. from West to East.

③　3月10日の日付が（繰り返された）。イ

Date of Mar. 10th <u>repeated</u>.イ

　　(注)イ．was repeated の略。

④　7月20日の日付が（とばされた）。¹

Date of July 20th skipped.ᵢ

　　(注)イ．was skipped の略。

⑤　日付上8月21日金曜日をとばした。

Skipped Friday. Aug. 21st from our calender.

⑥　12月22日木曜日をもう一度数えた。

Counted Wednesday Dec. 22nd again.

⑦　総員（子午線通過祝日）¹を楽しむ。

All hands enjoyed meridian day.ᵢ

⑧　（子午線通過祝日につき），¹本日休業。

Being meridian day,ᵢ no work today.

　　(注)イ．as today is meridian day の変形。

B．赤道通過

①　東経135°—20′で赤道を通過した。

Crossed the equator in log. 135°—20′ E.

②　西経50°—30′で（赤道）¹を（南へ）ᵣ通過した。

Passed the lineᵢ southwardᵣ in long, 50°—30′ W.

③　赤道（通過のため）¹甲板員は休日を楽しんだ。

Hands enjoyed holyday for passingᵢ equator.

④　（赤道祭）¹のため（休業した）。ᵣ

No ship's work doneᵣ owing to Neptune's revel.ᵢ

10　他船の航過

　他船との行会い，追越しなどについては，船舶交通の頻繁なところでは一々書かない。大洋航行中ごくまれに他船を見たとき，あるいは他船の航過の記録が必要と思われるときに記入する。

記入すべき事項

①　航過または発見の時刻。

②　その方位，および距離（概略でもよい）

③　他船の船種および動静の概略（機船・帆船・漁船等の別，同航か反航

か，あるいはどの方向に向いているかなど）

和　文

0800　機船太平丸，本船右舷約5′を追い越す。

1230　反航の一漁船を左舷10′に航過。

1500　NE向け航行中の軍艦一隻をSE20′に視認。

英　文

> 追い越した＝*overtook;* ……により追い越された＝*overtaken by…;* …丸と行き合った＝*…met with* "*…maru*"; …を航過した＝*passed…;* 反（同）航中の…丸＝"*…maru*" *on opposite* (same) *course/on* (bound) *opposite* (same) *way;* …向け航行中の一汽船＝*a steamer bound for* (to) …

① 機船太平丸が本船左舷約5′を（追い越した）。ィ

M/S "Taihei maru" <u>overtook</u>ィ us on port side about 5′ off.

② 機船旭丸を（右舷に見て）ィ追い越した。

Overtook M/S "Asahi maru" <u>on star^d side.</u>ィ

③ （同航の）ィ一漁船を（左舷10′に）ロ航過した。

P'd (passed) a fishing boat <u>on the same course,</u>ィ <u>on port side distance 10′.</u>ロ

④ 反航の社船，機船富士丸と右舷2′に出会い，「御安航祈る」ィと（信号をした。）ロ

Met with company's (Co's) M.S "Fuji maru" on star^d side 2′ off and <u>signalled her</u>ロ <u>"Bon voyage."</u>ィ

　（**注**）ロ．その船に信号を送った。

⑤ （本船の右舷側を反航する）ィ一英国軍艦を航過し，（敬礼の信号）ロをした。

Passed British warship <u>bound opposite course on〔our〕star^d side,</u>ィ and <u>greeted</u>₁ with <u>salutatory signal.</u>ロ

　（**注**）1．「挨拶した」　ロ．「挨拶の信号」

⑥ 南東方約10′に（西航する）ィ一汽船を認めた。

Sighted a westbound steamer,イ on SE about 10′ off.

11　信号，通信

船の動静の一つとして重要と思われる信号または無線通信の実施を記入しておく。

記入すべき事項

① 信号（通信）した時刻

② 信号（通信）した相手

③ 必要な場合は，信号（通信）の方法および内容。

和　文

0415　遭難信号を無線で受信。

0600　本社より仕向地をシンガポールに変更するよう，無線で指示を受ける。

1800　シンガポール信号所より受信。国籍および船名をモールス送信。

英　文

> 　信号した，信号を送った＝*gave signal, signalled*; 信号を取りかわした＝*exchanged*（repeated）*signals, signalled each other*; 受信した＝*received signals*; …と連絡（通信）した＝*communicated with*…; 信号を表示した＝*displayed signal*; 信号を照校する＝*repeat back signal*; 信号を判ずる＝*make out signal*; 無線〔電信〕で＝*by radio*（wireless）, *on the air*; 無線電信を打つ＝*radio, wireless, send a message by radio, send wireless*; 無線電信を受信する＝*receive a message*; 無線で接触を保つ＝*keep within wireless touch*; 遭難信号＝*signal of distress*.

① X信号所を航過し，船名および（国籍）イを（無線で通知した）。ロ

Passed X signal station, <u>signalling ship's name and nationality</u>イ <u>by radio.</u>ロ

　(注) ロ．and signalled…by radio. とも書く。

② Y信号所に船名および行く先を信号した。

Signalled ship's name and destination to Y signal station.

③ Z信号所より受信し，返信した。

Received signals from Z signal station and answered.

④　水先人を招くため信号した。

Signalled for pilot.

⑤　香港行きの機船土佐丸と行き会い，（信号をかわした）。ｲ

Met with M.S. "Tosa maru" and exchanged signals.ｲ

⑥　その船と「御安航祈る」と信号をした。

Signalled with her "Bon voyage."

⑦　敬礼の信号をした。

Greeted with salutatory signal.

⑧　（無線で）ｲS.O.Sを受信した。

Received S.O.S by radio.ｲ

⑨　本社より（仕向港）ｲをボンベイに（変えるよう）ﾛ無線電信を受信した。

Received the message from head office to alterﾛ her port of destinationｲ
to Bombay.

⑩　ニューヨーク支店より（パナマ揚げ貨物）ｲをハバナに揚げるよう，（無線指示）ﾛを受けた。

Received the instruction by radioﾛ from New York Branch to discharge
Panama cargoｲ at Havana.

12　部署，操練

記入すべき事項

①　操練を実施した時刻

②　操練の内容

和　文

0830～0900　火災操練。

0910　総員退去訓練。

0915　総端艇を降ろす。

1110　総端艇を収納する。

1300～1340　防水部署操練。

1440　溺者救助操練。

1450　第2号艇を降ろす。

1500　溺者を救助する。

1530　第2号艇帰着。収納する。

英　文

> 防火操練（部署）＝*fire drill*（station）; 防水操練＝*leak drill;* "*preventing leakage*" *drill* 端艇操練（部署）＝*boat drill*（station）; 部署表＝*quarter bill, station bill;* …操練を行った＝*practised*（exercised）…*drill;* 〜を…の都署に付けた＝*stationed* 〜 *for…;* 部署を解いた＝*dismissed*（loosed）*station;* 水密扉を閉じた（開いた）＝*closed*（opened）*watertight door;* 漏れ口をふさいだ＝*stopped a leak;* 〜を出（入）港部署につける＝*station* 〜 *for leaving*（entering）*port;* 衝突部署＝*collision station;* 海錨操練＝*sea anchor drill.*

① 練端艇および火災操練を行った。

　Practiced boat and fire (station) drills.

② （溺者救助操練）イを実施した。

　Practiced <u>man overboard drills.</u>イ

③ 総員を総端艇部署に付けた。

　Stationed all hands for all boats.

④ 総端艇を降下した。

　Lowered all boats.

⑤ 総端艇を収めた。

　Hoisted in all boats.

⑥ 甲板員星野が（海中に落ちた）。イ

　Sailor, Hoshino, <u>fell overboard.</u>イ

⑦ （二等航海士指揮の下に）イ第2号艇を降ろし，彼を（救助した）。ロ

　Lowered No.2 life boats and <u>rescued</u>ロ him <u>under care of 2nd officer.</u>イ

⑧ 火災が発生し，総員を（防火部署につけた）。イ

　Fire broke out and <u>stationed</u> <u>all hands for fire fighting.</u>イ

⑨ 水密扉を試験した（すべて良好）。イ

Tested watertight doors and <u>found them all satisfactory.</u>ィ

(注)イ．satisfactory＝満足な

⑩　水密扉および他の応急装置を試験し，（良好な状態であることがわかった）。ィ

Tested watertight doors and other emergency gears and <u>found them in good condition.</u>ィ

13　天測ならびに海洋・気象観測

天測については特に重要な船位決定の場合とか，星の観測の場合に，また海洋・気象観測については本欄記載事項以外のものを観測した場合，そのたびに記載する。

記入すべき事項

①　（天体・海洋の）観測をした時刻

②　船位決定に用いた天体の種類（太陽・月・星）ならびに船位

③　海洋観測の内容

和　文

0450　星測により船位決定。25°―10′N、96°―20′E

0930　採水実施。水深60m水温8℃。

1100　G・E・Kで海流測定。

1340　ラジオゾンデで高層気象観測。

英　文

天測＝（astronomical）*observation, taking a "sight"*；天測した＝*made an observation, took sights, got sight of*；星を天測した＝*took a star*（stellar）*sight*；海洋観測（気象観測）をした＝*made oceanographic observation*（meteorological observation）；採水＝*water sampling*；採水した＝*sampled water*；透明度を測定した＝*observed transparency*；プランクトンを採集した＝*sampled plankton*；海流を観測した＝*observed current*；水色＝*color of sea*；塩分＝*salinity*；

①　天測により（船位（20°―10′N，165°―35′E）を決定した）。ィ

<u>Fixed ship's position（20°―10′N, 165°―35′E）</u>ィ by observation.

② （星を天測し），船位（10°—20′S, 120°—30′W）を得た。

Got her position（10°—20′S, 120°—30′W）by（taking）star sight.

③ （水深100mの水）を採集した。

Sampled water at the depth of 100 meters.

　（注）　sample＝見本を取る。

④ プランクトンネットを入れた（揚げた）。

Let go（Hoisted up, Picked up）plankton net.

⑤ 稚魚ネットを流した（揚げた）。

Drifted（Picked up）larva net.

⑥ バッシサーモグラフで水深・水温を測定した。

Got depth and temperature of water by B.T.（bathythermograph）.

⑦ 電磁海流計を入れた（引揚げた）。

Set（Picked up）G・E・K.

14　レーダー，ロランおよび方探の使用

これらの航海計器の使用は，船の航海や保安上特に重要な関係があると思われる場合に記載する。

記入すべき事項

① これらを使用した時刻

② 使用の内容，結果など

　（注）　船位に関係のある場合は，logの示度も記しておく。

和　文

　　0300　レーダーで鳥島を60°，20′にとらえる。

　　1830　無線方位測定機により洲の崎無線標針局を320°に測る。

　　2350　ロランにより船位決定。38°—20′N, 160—10E

英　文

　　無線方位測定機（方探）＝*radio compass, radio*（wireless）*direction finder;* 無線標識局（無指向式）＝*radio beacon, radio circular station;* 無線標識局（指向式）＝*radio directional station*

---

① レーダーで鳥島を60°, 20′にとらえた。

Caught Tori Sᵃ by Radar on <60>, 20′ off.

② レーダー・スコープ上235° 30′に他船を認めた。

Sighted other ship on Radar scope on <235>,distance 30′.

③ ロランにより船位を決定した。

Fixed her position by Loran.

④ ロランと天測により, 船位を得た。

Got ship's position by Loran & observation.

⑤ 無線方位測定機で洲の崎無線標識局を320°に測った。

Observed Suno Sⁱ Radio beacon on <320> by radio compass.

⑥ 方探を使い, 遭難船に向かって進航した。

Proceeded to the ship in distress, using radio compass.

15 見 張 り

特別に見張りを配置した場合は, その時刻および事実を適宜記入する。

和 文

0830 船首楼に見張員を配置する。

1100 船首楼見張りを解く。

2100 無灯漁船多く, 厳重な見張りをする。

英 文

> …に対する見張りを厳にした＝*sharp* (keen, strict) *lookout kept for…, kept sharp lookout for…*; …においてよく見張りをさせた, …に見張りをおいてよく見張らせた＝*set* (or kept) *good lookout on…*; 見張りを解除した＝*released lookout* (watchman, lookoutman).

① 船首楼に (見張員をおいた)。ᴵ

Kept lookout ᴵ on forecastle.

② (浮流機雷に対して)ᴵ見張員を (見張台)ᴿ においた。

Set watchman on crow's nest ᴿ for floating mine. ᴵ

　　(注)ロ. マスト上の見張座。

③　（高所に）╵（船首楼に）見張りを配置し（見張りを厳にした）。╻

Kept a sharp lookout╻ aloft╵ (on forecastle)

④　（無灯）╵魚船群に対する（見張りを厳にした）。╻

Good lookout kept╻ unlighted╵ fishing-boats.

⑤　見張員を呼びもどした。

Called back the lookout.

5.3　停泊中に関する事項

1　日課作業
記入すべき事項
①　タンツー（朝食前の軽い甲板作業），または朝別課作業をしたときは，その開始時刻およびその作業内容
②　甲板部作業開始および終了の時間
③　甲板部作業内容の概要（作業開始または終了の記事のあとに書く）

和　文
0530　タンツー，甲板流し方，居室掃除。
0900　作業始め，外舷錆打ち手入れ，タッチアップ（またはリギンター塗布，滑車分解手入れ）。

英　文
A．始業・終業ならびに甲板洗い

> 仕事に取りかかる（タンツーをする）=turn to; 仕事を始める=commence work. 仕事を止める=knock off; 仕事を〔中途で〕止める=stop work; 仕事を再開する=resume work; デッキの石ずりをする（ストーンずりをする）=holystone deck; ワッシ・デッキをする=wash (down) deck; ブルーム・デッキをする=broom (down) deck; ～に従事した=employed in ～ ing; 荷役従事者を除いて=except cargo attendants

①　甲板員が仕事に着手し，デッキを洗った。

Hands turned to and washed down decks.

② 甲板員が仕事に着手し，デッキを（ブルームではいた。）^イ

Hands turned to and broomed down deck_イ.

③ （甲板員が作業を始めた）。^イそして（前後甲板）^ロ洗い（に従事した）。^ハ

Hands commenced work_イ and employed in_ハ washing fore and aft (decks)._ロ

（注）イ．Hands を省略し，ただ Commenced work としてもよい。ロ．decks のない方が慣用的。

④ 甲板員が甲板（石ずりをした）。^イ

Hands holystoned_イ decks.

（注）　Hands employed in holystoning decks.（甲板員が甲板石ずりに従事した）でも同じ意味。

⑤ 甲板員が作業を中止した。

Hands stopped work

（注）　これは途中で仕事を止めた場合に書く。

⑥ 甲板員が作業を再開した。

Hands resumed work.

（注）　これは途中で仕事を止めてまた始めた場合に書く。

⑦ 甲板員が作業を止めた。

Hands knocked off.

（注）　これはその日の仕事を終了した場合に書く。

⑧ 甲板員が（本日の）^イ作業を終了した。

Hands knocked off for the day._イ

参　照　事　項

1. 甲板作業についてはつぎのような形式にあてはめることができる。ただし目的語はつかないこともある。

　イ．Hands turned to and 動詞過去＋目的語
　　　甲板員就業した。そして　……をした。

　ロ．Hands employed in＋動名詞（〜 ing）＋目的語
　　　　　に従事した。　　〜すること

　ハ．Hands＋動名詞（〜 ing）＋目的語

　　　　　　　　　～することに従事した。(employed in を省略)
　ニ. Hands＋動詞過去＋目的語
　　　　　……をした。
2. 上のロ, ハ, ニ, は, どれも同じ意味でどれを使ってもよい。
3. Hands turned to (始業した) は, タンツーをした場合に書く。
4. Hands commenced work (始業した) は, 朝食後の課業始めの時
　　間に書く。
5. Hands employed in ……は, Hands knocked off のあとに書く船も
　　あり, Hands commenced work のあとに書く船もある。しかし,
　　knocked off のあとに書く方が順当のようである。
6. Hands……, の Hands は, わかりきっているときは, 省略しても
　　よい。Hands のかわりに Deck hands あるいは Crew を使うこと
　　もある。

B. 錆 (さび) 打ちおよび錆落し

> 錆びる＝*rust;* 錆び＝*rust;* 錆びた部分＝*rusty part;* 錆び打ち＝
> *chipping;* 錆打ちをする＝*chip;* 錆落し＝*scaling; scraping;* 錆落しをする
> ＝*scale, scrape,*

① 甲板員は錆打ちおよび錆落しに従事した。
　Hands employed in chipping and scaling.
② 甲板員は前甲板の錆打ちをした。
　Hands chipped fore deck.
③ 甲板員は, 煙突・通風筒・(機関室囲壁)¹の (錆びた部分)ロの錆打ち,
　錆落しをした。
　Crew chipping and scraping rusty partsロ of funnel, ventilators and
engine room casing.¹
④ 甲板員は一番船倉の (錆落し)¹をやった。
　Deck hands employed in scaling¹ in No. 1 hold.ロ

C. ペイント, ワニス, ター, セメント塗り

> ペン塗り＝*painting;* ペンキを塗る＝*paint;* タッチアップ, つくろい

> 塗り＝*touching up;* タッチアップする＝*touch up,* 一（二）回塗り＝*first*
> （*second*）*coat;* 一回塗りすること＝*first coating;* 二回塗りをする＝
> *apply second coat;* ター塗り＝*blacking down, tarring down;* ターを塗る
> ＝*black down, tar*〔down〕（過去は tarred down）; ワニス塗り＝
> *varnishing;* ワニスを塗る＝*varnish;* ワニス仕上げ部分＝*bright work,*
> *varnish work;* セメント塗り＝*cementing;* セメントを塗る＝*cement;*
> ター・セメントを塗る＝*tar-cement*

（注） tar-tarred-tarred-tarring.

① 甲板員は海図室・船橋楼・甲板および（士官居住区）^イをペン塗りした。

Hands employed in painting chart room, bridge deck and <u>officer's</u>
<u>quarter.</u>_イ

② ハッチコーミングのペン塗り，ならびに外舷部分塗り（タッチアップ）。

Painting hatch coaming and touching up ship's outside.

③ （船橋楼前端隔壁）^イの（石けん拭き）^ロ後に，ペン塗りをやった。

Painted <u>bridge front bulkhead</u>_イ after <u>soap washing.</u>_ロ

④ （一号塗料）^イの（一回塗りを開始した）。^ロ

<u>Started first coating</u>_ロ of <u>No. 1 composition.</u>_イ

（注）ロ. Started giving first coat. でも Started to give first coat. でも
よい。

⑤ 二号塗料の（二回塗りを終了した）。^イ

<u>Finished second coating</u>_イ of No. 2 composition.

（注）イ. Finished giving second coat. でもよい。ただし，Finished to
give second coat. とは文法的に書けない。

⑥ 甲板員は前部マストのリギンおよびステーの（ター塗り）^イをした。

Hands <u>blacking down</u>_イ riggings and stays of the fore-mast.

⑦ 甲板員は，石炭庫甲板にターを塗った。

Crew tarred on bunker deck.

（注） deck の上などにターを塗るときは，tar on とする。

⑧ 操舵手は，操舵室のワニス塗りをした。

Quartermasters employed in vanishing wheel-house.

⑨　甲板員は，天窓，（船室戸）^{イ}およびハンドレールにワニスを塗った。

Hands varnished skylights, <u>cabin doors</u>$_{イ}$ and hand rails.

⑩　一番バラストタンクおよびフォアピークタンク（内部）^{イ}セメント塗り。

Cementing <u>inside</u>$_{イ}$ of No. 1 ballast-tank and fore peak tank.

⑪　二番バラストタンク・トップにターセメントを塗った。

Tar-cemented on No. 1 ballast tank top.

D. 清　　掃

> 掃除する＝*clean*; 掃除＝*cleaning*; 片付ける，整とんする＝*square up*; 石けん拭きをする＝*soap down*; 石けん拭き＝*soaping down; soap washing*; ふき取る＝*wipe*; ふき取り＝*wiping*; 磨く＝*scour, polish*; 洗う ＝*wash*; ソーダ拭き＝*soda washing*; 真ちゅう磨き＝*brass work polishing*;（真ちゅう部分）を磨く＝*polish*（brass work）; ワニス仕上げの個所＝*bright work*; 真ちゅうやステンレスでできた部分＝*bright work*（**注**　2通りの意味がある）

①　甲板員は（部員居住区）^{イ}の掃除は従事した。

Hands (employed in) cleaning <u>crew's quarter.</u>$_{イ}$

②　（船橋前塗）^{イ}の石けん拭きをした。

Soaped down <u>bridge front.</u>$_{イ}$

③　ボートおよび属具の掃除をした。

Cleaning up boat and gears.

④　（プープデッキの）^{イ}（塗装部分）^{ロ}の拭き取り。

Wiping <u>paint work</u>$_{ロ}$ <u>on poop deck.</u>$_{イ}$

⑤　サロン（入口）^{イ}の（ワニス塗りの部分）^{ロ}を（磨いた）。^{ハ}

<u>Scoured</u>$_{ハ}$, <u>bright work</u>$_{ロ}$ in saloon <u>entrance.</u>$_{イ}$

⑥　全（甲板部）^{イ}倉庫の掃除。

Cleaning all stores <u>belonging to</u>$_{1}$ the deck department.$_{イ}$

　　(注) 1．…に所属している。イ．全甲板部倉庫は all deck stores でもよい。

⑦　（石炭揚げ荷後）^{イ}船倉を掃除した，（そしてのこぎり屑を使った）。^{ロ}……

（のこぎり屑を使って）ロ　（石炭揚げ荷後）イ船倉を掃除した。

Cleaned cargo hold <u>after discharging coal,</u>イ <u>using saw dust.</u>ロ

⑧　（塩皮）イの（臭気を除くため），ロ（さくさん水）ハを使用して，アンダーブリッジの掃除をした。

Cleaned under bridge, using <u>acetic acid,</u>ハ <u>to remove the smell</u>ロ of <u>salted hides.</u>イ

⑨　甲板員は一，二番船倉の（かん水路）イを掃除した。

Hands cleaning up <u>limbers</u>イ in Nos. 1 and 2 cargo holds.

⑩　海図室（ワニス塗り部分）イのソーダ拭きならびに（士官室回り）ロの石けん拭きをした。

Soda washing <u>bright work</u>イ of chart room and soap washing <u>officer's quarter.</u>ロ

⑪　船橋の（真ちゅう部分）イを（磨いた。）ロ

<u>Polished</u>ロ <u>brass works</u>イ on bridge.

E. 修理および手入れ

> コーキン＝*caulking, (calking)*; コーキンをする＝*caulk, (calk)*; 修理する＝*repair*; 新替えする＝*renew*; 真直ぐにする＝*straighten*; 直す，平らに仕上げる＝*fair*; 分解手入れする＝*overhaul*; 元通りにする＝*replace*; 注油する＝*oil*; グリスを塗る＝*grease*

①　測深儀の分解手入れおよび測深索のグリース塗り（をした）。

Overhauling sounding machine and greasing sounding wire.

②　信号旗を修理した。

Repaired signal flag.

③　船橋楼甲板のコーキング。

Caulking bridge deck.

④　スタンションの曲がり直しおよび（諸所小修理）。イ

Straightening stanchions and <u>repairing variously.</u>イ

　　(注)イ．いろいろと修理すること。

⑤　（曲がった）イレール・スタンションを（その場で）ロ（直した）。ハ

Faired、 bent イ rail stanchions in place.ロ

⑥　プープ・デッキの左舷主レールを新替えした。

Renewed port main rail on poop deck.

⑦　二番倉の（船底内張）イの（一部新替え）ロをした。

Partly renewingロ bottom ceiling イ in No. 2 hold.

　　(注)ロ．Renewing partly でもよい。

⑧　無線室の（破れた）イ（舷窓ガラス）ロを（入れ替えた）。ハ

Refitted、 broken イ port glassロ in wireless room.

　　(注)ハ．Replaced または Renewed でもよい。

⑨　甲板員は船内の全フェヤリーダーの注油に従事した。

Hands employed in oiling all fair-leaders on board.

F．作製および取付け

> 作る＝*make*; 作製＝*making*; 新しく作る＝*newly make*; 取付ける＝*fit, fix to*; 組立てる *set up*, 取付け＝*fitting*; 箱でかこう＝*case*; 取付け直す＝*refit*: 移動する＝*shift*.

　　(注) 1．make—made—made—making
　　　　 2．fit—fitted—fitted—fitting
　　　　 3．set—set—set—setting
　　　　 4．put—put—put—putting

①　甲板員は（救命艇用）イフェンダー作製に従事した。

Hands employed in making fenders for lifeboats. イ

②　二番倉のハッチターポーリンを作製した。

Made No. 2 hatch tarpaulins.

③　錨鎖孔栓および野菜箱を取り付けた。

Fitted up hawse plugs and vegetable locker.

④　大工は（二人の甲板員の助けを借りて）イ上部船橋の（下部に）ロ（飾り板）ハを取り付けた。

Carpenter fitted moulding、 underneathロ upper-bridge with assistance of two sailors. イ

⑤　操舵手はレリービング・テークル取り付けに従事した。

Quartermaster fitting relieving tackle.

⑥　一番倉の（船側内張）ⁱの取付け。

Fitting <u>cargo batten</u>ᵢ in No. 1 hold.

⑦　前部マスト・リギンの足網の弛み締め。

Setting up rigging ratlines of fore mast.

⑧　二番倉のパイプを板でかこった。

Cased pipe at No. 2 hold.

G．荷役関係甲板作業

デリックを揚げる＝*rig*（send, raise）*derrick aloft, get*（hoist）*derrick up;* デリックを降ろす＝*set derrick down, lower derrick;* ハッチ・テントを張る＝*set*（pitch）*up hatch tent;* ウインチに油を差す＝*oil winch;* デリックに付属具を取付ける（取りはずす＝*rig*（unrig）*derrick;* ハッチを密閉する（水の入らぬようしっかり固める）＝*secure hatch, batten down hatch;* デッキを整頓する＝*put*（set）*decks in order;* デッキを片付ける＝*square up deck*

（注）1．get—got—got（gotten）—getting

2．take—took—taken—taking

3．rig—rigged—rigged—rigging

4．send—sent—sent—sending

①　（すべてのデリックを揚げ）ᵢ（揚げ荷役の用意をした）。ᵣ

<u>All derricks in place</u>ᵢ <u>and ready to discharge cargo.</u>ᵣ

（注）イ．Sent all derricks in place の略。

ロ．Kept ready to discharge の略。

②　（荷役のため）ⁱすべてのカーゴ・デリックを揚げた。

Hoisted（up）all cargo derricks <u>for cargo work.</u>ᵢ

③　デリックをぎ装して揚げた。

Rigged and got up derricks.

（注）　rig＝索具を取り付ける，ぎ装する。

④　デリックを降ろし，付属具を取りはずした。

Sent down derricks and unrigged.

　（注）　unrig＝〔取付けたものを〕取りはずす。

⑤　ハッチのバッテン・ダーンをし，（デッキ回りの）^イ（道具）^ロをラッシングした。

Battened down hatches and lashed <u>gears</u>_ロ <u>around decks.</u>_イ

⑥　すべての（甲板積み貨物）^イや甲板上（移動物）^ロのラッシング。

Lashing all <u>deck cargo</u>_イ and <u>movables</u>_ロ on decks.

⑦　前都甲板上の（危険貨物）^イを（カバーし）^ロラッシングした。

<u>Covered up</u>_ロ and lashed <u>dangerous cargo</u>_イ on fore-deck.

⑧　全倉に（ハッチテントを張った）。^イ

<u>Set up hatch tents</u>_イ on all hatches.

　（注）イ．pitched up hatch tents でもよい。

H．漁具整備

1．延縄＝*long line;* 浮縄＝*main line hanger, buoy line;* 幹縄＝*ground line, main line;* 枝縄＝*branch line;* せきやま＝*cotton thread;* かなやま＝*steel wire;* つりもと＝*wire leader;* さるかん＝*swivel;* つりばり＝*hook;* びん玉＝*glass float;* ボンデン＝*flag pole, bamboo flag buoy;* 竹かご＝*bamboo basket;* ラインホーラ＝*line hauler;* 延縄つり具＝*set lines;* 鉢＝*…units*

2．引き網＝*trawl* (towed) *net;* オッター・ボード＝*otter board;* 遊索＝*joining chain;* 引き網＝*warp;* 手綱＝*hand rope;* グランド・ロープ（沈子綱）＝*ground rope;* ヘッド・ロープ（浮子綱）＝*head rope;* そで網＝*wing net;* ベリー＝*belly;* フラッパー（漏斗）＝*flapper;* コーター・ロープ＝*quarter rope;* 天井網＝*square;* コッド・ライン＝*cod line;* 荒手網＝*extension wing;* 桁網＝*dredge, beam trawl net;* ターン・テーブル＝*turn table;* ギャロース＝*gallows;* サイド・ローラ＝*side roller;* 引き網＝*hauling rope*

3．刺網＝*gill net;* 流網＝*drift net;* 旋刺網＝*encircled gill net;* 二重網＝*semitrammel net;* 三重網＝*trammel net;* まき刺網＝*surrounded gill net;* さんまい網＝*trammel gill net;* 浮刺網＝*surface (floating) gill net;* 底刺網＝*bottom* (submerged) *gill net;* 浮子＝*buoy;* 沈子＝*rock;* 鉛＝*lead;* レッド・ライン＝*lead line;* ネット・ホーラー＝*net hauler*

4．一本釣り＝*pole and line fishing;* 活魚倉＝*fish hold* (well)*, bait tank* (well)*;* つり台＝*stretcher;* つりざお＝*fishing pole;* つり糸＝*fishing line;* 手づり具＝*hand lines;* 立縄＝*vertical long line*

5．敷網＝*lift net, square net;* 八田網＝*light angle net;* 二そう張網＝*two-boat lift net;* 棒受網＝*stick-held dip net;* 浮き竹＝*bamboo float;* 張出し竹＝*push-out bamboo rods;* 沈石（沈子）＝*sinker;* 引き綱＝*haul-lines;* まき網＝*purse seine;* 網船＝*netting vessel;* まき網付属船＝*auxiliary vessel of purse seine.*

6．網針＝*net needle;* 網目＝*mesh;* 網地＝*piece of net;* かご＝*pot;* かえるまた結節＝*trawlers knot;* より糸＝*twisted cord;* あば＝*float;* いわ＝*sinker;* いかり＝*anchor;* 目板＝*spool.*

---

① 乗組員は（延縄）ィの取片付けに従事した。

Crew employed in putting <u>long lines</u> in order.

② 漁網を（整頓した）。ィ

<u>Put</u> fishing net <u>in order</u>.ィ

③ （漁具）ィを修理した。

Repaired <u>fishing gear</u>.ィ

④ （漁具）ィの（部品）ロを（取替えた）。ハ（作製した）。ニ

<u>Replaced</u>ハ，（Made）ニ <u>accessory</u>ロ of <u>fishing gear</u>.ィ

⑤ ライン・ホーラー（ネット・ホーラー）ィを（分解手入れした）。ロ

<u>Overhauled</u>ロ line-hauler（<u>net-hauler</u>）.ィ

⑥ 甲板員は（操業できるよう）ィ漁具を（準備した）。ロ

Hands <u>got</u> fishing gear <u>ready</u>ロ to fish.

⑦　（縄染め）^イをした。

Employed in <u>dyeing lines</u>ィ <u>with tar.</u>ロ

(注)ロ．「ターで。」

⑧　（ボンデン）^イ作りをした。

Employed in making <u>flag pole.</u>ィ

⑨　（沈子）^イおよび（浮子）^ロ作り。

Making <u>rock</u>ィ and <u>buoy.</u>ロ

⑩　（浮子綱）^イ（（沈子綱）^ロ）取付け。

Fitting <u>head rope</u>ィ (ground rope).ロ

I．雑作業

①　甲板員は（いろいろな仕事）^イをした。

Hands employed in <u>various jobs.</u>ィ

②　各（ボートの属具）^イを格納し，（水たるをつめ替え），^ロ（油缶に油を一杯にした）。^ハ

Replaced <u>boat gears</u>ィ of every boat, <u>recasked breakers</u>ロ and <u>filled oil cans.</u>ハ

(注)ロ．recask＝たるの中味を入れ替える。

③　（船用品）^イの（積込み）。^ロ

<u>Taking stores</u>ィ <u>aboard.</u>ロ

(注)ロ．Taking…aboard

④　操舵手と2名の甲板員が舷梯の（装備）^イをした。

Quartermasters and two deck hands employed in <u>rigging</u>ィ gangway-ladder.

⑤　テレモーターの（充液），^イならびに（ポンプつき），^ロその他雑業。

<u>Filling up liquid</u>ィ and <u>pushing pump</u>ロ for telemotor and various jobs.

2　荷役作業

記入すべき事項

①　荷役の開始，中止，再開，終了の時刻

②　荷役をしている船倉

③ 揚荷役，積荷役の別

④ 荷役中止の場合は，その理由（これは用船契約のある場合停泊期間—Laydays に関係があるので必ず記入すること。）

（荷役中止の時間が Laydays に入るか否かはそのときの契約によってきまる。）

⑤ 荷役中の事故があった場合その時刻，原因，内容等（船側，荷主側，ステベ側のどちらに責任があるか明記する。）

　　（備考） 荷役事故については「5. 6　事故および海難に関する事項」で述べる。

⑥ サーベイ（検査）がなされた場合その時刻および内容

⑦ オフィサーズ・タリーがなされた場合その時刻および内容

和　文

　　0800　全ハッチ揚荷開始。

　　0900　日本海事検定社サーベーヤN氏来船。棉の積付検査をする。

　　1300　＃2，3ハッチ揚荷終了。

　　1330～1520　雨のため荷役中止。

　　1430　＃1，4ハッチ揚荷終了。

英　文

1．荷役 =*cargo work;* 荷役をする =*work cargo;* 積み荷（役）= *loading cargo, cargo loading;* 揚げ荷（役）=*discharging cargo, unloading, cargo discharging;* 荷物を積む =*load* (take in) *cargo;* 荷物を揚げる = *discharge* (unload) *cargo;* 荷物を引渡す =*deliver cargo.*

2．荷役を始める =*start* (commence) *cargo work;* 荷役を止める =*stop cargo work;* 荷役を再開する =*resume cargo work;* 荷役を完了する = *complete* (finish) *cargo work;* 3口の仲仕 =*three gangs of longshoremen* (stevedores); （荷役）作業員 =*labourer, laborer;* 来船する =*come on board board;* はしけがくる =*lighter come alongside;* ダンビロマンをおく =*keep dowm-below man;* 荷繰りをする =*trim;* 荷役の監督をする = *attend to cargo work;* 荷役当直をする =*keep watch for cargo work;*

> 3．ハッチをあける＝*open hach*; ハッチをしめる＝*close* (shut) *hatch*; ハッチの蓋を取る＝*take hatch off; remove hatch board*; ハッチの蓋をする＝*cover up hatch, put hatch on, put on hatch board*

  (注) 1．cargo は普通集合名詞として用いるので，cargoes と複数形にしない。crewをcrewsとしないのと同じ。

    2．積荷を始める＝start loading または start to load であるが，積荷を終了する＝finish loading の場合，finish to load としてはいけない（finish は目的語の不定詞と接続できない。）。stop も同じ。

A．荷役開始および終了

① （作業員）ᶦが（乗船し）ロ一，二番倉の（積荷）ハを開始した。

Labourersᶦ boardedロ and commenced loading cargoハ at Nos. 1 & 2 hatches.

  (注)イ．labourer は米国では laborer と書く。

    ロ．came on board でもよい。

    ハ．積荷は loading cargo（荷を積むこと）または単に loading が用いられる。cargo loading が用いられることもあるが cargo-loading として一つの言葉と考えればよい。

② 全倉（揚荷）ᶦを開始した。

Started discharging cargoᶦ at all hatches.

  (注)イ．揚荷は積荷と同様，discharging cargo, discharging, unloading, あるいは cargo-discharging が用いられる。

③ （徹夜で）ᶦ荷役を続けた。

Continued cargo work through the night.ᶦ

④ 一，二番倉の揚荷を終了した。

Finished discharging cargo at Nos. 1 and 2 hatches.

⑤ （当港の）ᶦ荷役を全部完了した。

All completed (finished) cargo work for the port.ᶦ

⑥ 一番倉から三番倉へ荷物を移した。

Transfered (Shifted) cargo from No. 1 hatch to No. 3 hatch.

⑦ 二番倉で荷繰りをした。

Trimmed at No. 2 hatch.

⑧ ステベが下船した。

Stevedores left her.

B. 荷役中止および再開

① （本日の）荷役を中止した。

Stopped cargo work for the day.イ

② （豪雨）イ（のため）ロ積荷を中止した。

Stopped loading cargo due to (because of, owing to)ロ heavy rain.イ

(注)ロ. on account of（……のために）もよく使われる。

③ （高浪）イのため（はしけが舷側に着けられないので）ロ荷役を中止した。

Lighters being unable to get alongsideロ on account of high seas,イ
stopped cargo work.

(注)ロ. これを書き直せば As lighters are not able to get alongside,
となる。are not able to＝…できない。get alongside＝着舷する。

④ （ウインチの故障）イ（のため）ロ揚荷を中止した。

Stopped discharging cargo due toロ winch trouble.イ

⑤ はしけ（不足のため）イ（揚荷を中止した）。ロ

Stopped unloadingロ for want (lack)イ of lighters.

⑥ （夕立）イのため積荷を（やったり止めたりした）。ロ

Worked at cargo loading on and offロ due to passing shower.イ

⑦ 第五番倉で荷役を再開した。

Resumed cargo work at No. 5 hatch.

C. タリーおよびサーベイ

① （シルクルーム入れ貨物）イのため（航海士検数）ロを行った。

Kept officer's tallyロ for the goods to be stowed in silk room.イ

② 航海士はタリーマンと共に（二重検数をした）。イ

Ship officers kept double tallyイ with tallymen.

③ 50箱の（貴重品）イを受取り，シルクルームに（特別の注意をして）ロ（積込んだ）。ハ

Received 50 cases of <u>valuable goods</u>ィ and <u>stowed</u>ハ in silk room <u>with special care.</u>ロ

④ 日本海事検定協会検査員 N.Y. 氏が来船し，（棉花の積付け）イを検査した。

N.K.K.K. surveyor, Mr.N.Y., boarded and inspected <u>stowage of cotton.</u>ィ

⑤ ロイズ検査員A船長は，一，二，三，四，五番倉を検査した。（結果良好）。イ

Lloyd's surveyor, Captain A, inspected Nos. 1, 2, 3, 4 and 5 hatches and <u>found them in good condition.</u>ィ

(注) イ．良い状態であることを発見した。

⑥ 新日本検定協会検査員K氏は喫水を検査した。

Shinnihonkenteikyokai's surveyor, Mr. K inspected, her draft.

D．水揚げおよび仕込み

> 水揚げ＝*landing fish*; 魚倉＝*fish hold*; 活魚倉＝*bait well* (tank); 魚市場＝*fish-market*; かんかん（目方測定）＝*weighing*; 数取り＝*tally*; 積み込む＝*load, ship, take in*; 餌＝*bait*; くだき氷＝*smashed ice*; 漁具＝*fishing gear*

① 全（魚倉）イ（の水揚げ）ロを開始（終了）した。

Commenced (Finished) <u>landing fish</u>ロ in all <u>(fish) holds.</u>ィ

② 三崎（魚市場）イに（10tの）ロ魚を揚げた。

Landed <u>10 tons of</u>ロ fish to Misaki <u>Fish-market.</u>ィ

③ 無線通信士が検数および魚の（目方測定）イに（立会った）。

Radio officer <u>attended</u>ロ tally and <u>weighing</u>ィ of fish.

④ 餌を積み込んだ。

Took in bait.

⑤ （くだき氷）イの（積込み）ロを開始（終了）した。

Commenced <u>loading (taking in)</u>ロ <u>smashed ice.</u>ィ

⑥　漁具を積んだ。(揚げた)。

Loaded (Landed) fishing gears.

3　荒天準備

記入すべき事項

①　荒天になってきたこと。その時刻。

②　荒天準備をしたこと。要すれば荒天に対処するための作業内容。

和　文

　2000　NWの風強まる。総員を集合し，荒天準備をする。

　2100　左舷錨鎖を6節に延ばす。

英　文

> 　荒模様になる＝*weather becomes threatening;* 総員起こしをする，総員をデッキに呼ぶ＝*call all hands on deck;* 総員起こし＝*all hands on deck;* 荒天準備をする＝*prepare for rough weather;* 疾風が吹いてくる＝*fresh breeze springs up;* 係索を二重にする＝*double up mooring rope;* 堅固にする，安全にする＝*secure;* しばる＝*lash*

　(注) 1．become—became—become—becoming

　　　　2．spring—sprung—sprung—springing.

　　　　　　　(sprang)

①　荒模様になった。総員起こしをして (荒天に備えた)。[1]

Weather became threatening. Called all hands on deck and <u>prepared for rough weather.</u>[1]

②　疾風が吹いてきた。総員起こしをして，ハッチやベンチレーターにカバーをし，ハッチをバッテンダウンした。

Fresh breeze sprung up. Called all hands to <u>cover up hatches,</u>[1] and ventilators and battend down hatch.

　(注) 1．and covered up hatches を表わす。

③　総員起こしをし，甲板上の (移動物)[1] をしばった。

All hands on deck and secured <u>the movables</u>[1] on decks.

④　(舷梯)´を揚げ，ついで救命艇を（振り込み)ロ，（それらをしっかり止めた)。ハ

Raised <u>accommodation ladder</u>ｲ and then <u>swung in</u>ロ life boat <u>to secure them.</u>ハ

　　(注) ハ．and secured them. でもよい。

⑤　船首係索を二重に取った。

Doubled up fore and after lines.

⑥　増しとりホーサーを取った。

Took preventer hawser.

4　守錨当直

記入すべき事項

①　守錨当直をおいたこと，その時刻

②　当直中の異状の有無

③　当直中なされた重要な処置

和　文

　　2200　航海士守錨当直を開始。機関用意。

　　2205　走錨の危険のため，前進微速。後機関使用適宜。

　　0600　守錨当直を解く。

英　文

> 守錨当直をする＝*keep anchor watch;* 走錨＝*dragging anchor;* 錨が引｜ける，走錨する＝*anchor drags, anchor comes home;* 錨鎖を延ばす＝*veer* (pay) *out cable;* 振れ止めに錨を入れる＝*let go anchor to check her swing;* （船首が）振れ回る＝*swing;* 機関を即時待機にする＝*place engine at short notice;* 停泊灯＝*anchor light, stay light, riding light;* 停泊場＝*berth, anchorage* (錨地); 錨位＝*anchor bearings*

①　航海士守錨当直をおいた。

Set officer's anchor watch.

②　荒天（に対し)ｲ（厳重に)ロ守錨当直をした。（異状なし。)ｲ

Kept anchor watch strictly_ロ against_イ heavy seas and（all well.）_ハ

(注)ハ．all was well＝すべて良好であった。

③　特に錨位および（停泊灯）^イ（に注意した）。^ロ

Especially attended to_ロ anchor bearings and regulation lights._イ

(注)ロ．regulation lightは「規則による灯火」を意味する。停泊灯は，anchor lightでもよい。

④　走錨（に備えて）^イ機関を（即時待機）^ロにした。

Placed engine at short notice,_ロ preparing for_イ dragging anchor.

⑤　（走錨しないよう）^イ機関を前進微速（にした）。^ロ

Put_ロ engine slow speed ahead, for not dragging anchor._イ

⑥　走錨の（恐れがある）^イ（ため）^ロ機関を種々に使用した。

Used engine variously as_ロ dragging anchor was possible._イ

⑦　左舷錨鎖を（7節に）^イ（延ばした）。^ロ

Walk out_ロ port cable to 7 shackles._イ

⑧　（振れ止めに）^イ右舷錨を投じ，（錨鎖1節とした）。^ロ

Let go starboard anchor to check swing_イ and payed out 1 shackle of chain cable._ロ

(注)イ．check＝抑止する，swing＝振れ回り。

　　ロ．錨鎖1節を繰り出した，の意味。

5　燃料，水，食料の補給
記入すべき事項

①　燃料，水，食料などを補給したこと，その時刻（補給時間が長時間に及んだ場合は，その開始，終了の時刻→ある時刻の喫水が必要の場合に問題となる）

②　燃料および水を補給したタンクの名

③　燃料および水の補給量

和　文

1330　F・P・Tに清水補給開始。

1450　清水補給終了。150㌧積入れ。

1500　食料搭載。

1510　No. 2 F・O・Tに燃料油補給開始。

1800　燃料油補給終了。200㌧補給。

英文

> …を補給する＝*supply*（replenish）*with*…; …を積み込む＝*take in*…, *load*…; 燃料を積み込む＝*fuel*; 燃料炭を積み込む＝*bunker*; 清水をタンクに張る＝*fill up tank with fresh water*; 燃料油＝*fuel oil*; 燃料炭＝*bunker coal*; 船首水そう＝*F・P・T*（fore peak tank）; 船尾水そう＝*A・P・T*（after peak tank）; 清水そう＝*F・W・T*（fresh water tank）; 燃料油そう＝*F・O・T*（fuel oil tank）; 養かん水そう＝*B・F・W・T*（boiler feed water tank）; バラストタンク＝*B・W・T*（ballast water tank）; 食料＝*provisions, food stuff*; 船用品＝*ship's stores*

　(注)　take—took—taken—taking

① 一番燃料油タンクに燃料油を（積み込んだ）。ᴵ

Loadedᴵ fuel oil in No. 1 F・O・T.

② 二番燃料油タンクに（燃料積込み）ᴵを開始した。

Commenced fuelingᴵ in No. 2 F・O・T.

③ 燃料補給終了した。ディーゼル油60トンを（受け取った）。ᴵ

Finished fueling (supply of fuel oil). Receivedᴵ 60 tons of diesel oil.

④ 石炭庫に燃料炭積み込みを開始した。

Started bunkering at bunker.

⑤ 燃料炭積み込みを終了し，採炭口を（密閉した）。ᴵ

Finished bunkering and securedᴵ coaling port.

⑥ 燃料炭90トンを積み取った。

Loaded 90 tons of bunker coal.

⑦ 20トンの清水をフォアピークタンクに積み込んだ。

Took 20 tons of fresh water in F・P・T.

⑧ アフターピークタンクに30トン，二番清水タンクに50トンの清水を補給した。

Replenished (supplied) with fresh water, 30 tons in A・P・T. and 50 tons in No. 2 F・W・T.

⑨　(海水を)ｲ (バラストとして)ﾛ　ディープタンクに (張った)。ﾊ

Filled upﾊ deep tank with sea waterｲ for ballast.ﾛ

⑩　(かん水用として)ｲ三番バラストタンクに (清水を張った)。ﾛ

Filled up No. 3 ballast tank with fresh waterﾛ for feed (boiler) water.ｲ

⑪　(船用品)ｲを (積み込んだ)。ﾛ

Shippedﾛ ship's stores.ｲ

⑫　食料を受け取った。

Received provisions (food stuff).

6　郵便物揚げ降ろし

記入すべき事項

①　郵便物を受領または引渡したこと，その時刻

②　郵便物受領または引渡しの量

③　特に郵便室以外に格納した場合はその場所

和　文

0900　郵便物50袋受領。

1800　郵便物120袋引渡す。

1000　郵便物20袋受領。シルクルームに格納。

英　文

郵便物＝*mail, mail matter, postal matter;* 郵便旗＝*mail flag;* 郵便に関する手配＝*mail arrangement;* 郵便局＝*post office;* 郵便船，郵船＝*mail steamer, packet-boat;* 郵便船発着日＝*packet-day;* 郵便物を積む＝*ship* (take in) *mail;* 郵便物をおろす＝*drop* (land, deliver) *mail*

①　(米国行きの)ｲ郵便物120袋を受け取った。

Received 120 bags of mail for U・S・A.ｲ

②　(各港行きの)ｲ郵便物60袋を (積み込んだ)。ﾛ

Shippedﾛ 60 bags of mail for various ports.ｲ

③　60袋の（郵便物）ᵃ を郵便局へ（手渡した）。ᵇ

Handed over_b 60 bags of <u>mail matter</u>_a to post office.

④　60袋の郵便物を郵便局へ引渡した。

Delivered 60 bags of mail to post office.

⑤　30袋の郵便物を（陸揚げした）。ᵃ

<u>Landed</u>_a 30 bags of mail.

⑥　郵便旗を（揚げた）。ᵃ

<u>Hoisted（Flied）</u>_a mail flag.

⑦　郵便旗を（おろした）。ᵃ

<u>Lowered（Let down）</u>_a mail flag.

7　乗下船，交代

記入すべき事項

①　船員または船客が乗下船したこと，その時刻

②　船員の職，氏名

③　船客の数（できたら一,二,三等の別）

　　（注）　一般的には，船員の乗下船についての記入は，職員のみにとどめ
　　　　　ている。

和　文

　　1300　一航山田太郎氏，前一航佐藤一夫氏と交代乗船。

　　1500　船客5名下船。

英　文

乗船する＝*come on board, come abord, join ship, take ship, embark;*
下船する＝*leave ship, disembark;* 新任三航＝*newly appointed third
officer;* 前任一航＝*ex-chief officer;* 執職二航＝*acting third officer;* 雇止
めする，解雇する＝*discharge;* 雇入れる，雇う＝*employ;* 昇任する＝
promote; 病気休暇＝*sick leave;* 有給休暇＝*paid leave;* 法定休暇＝
statutory leave

---

①　甲板員中村敏夫が（乗船した）。ᵃ

Sailor, Toshio Nakamura joined ship.^イ

② 甲板員佐藤信一は（病気休暇で）^イ下船した。

Sailor, Shinichi Sato disembarked on sick leave._イ

③ 甲板員２名（有給休暇で）^イ下船した。

Two sailors left ship on paid leave._イ

　　(注)イ．ログ・ブックには有給休暇より法定休暇（statutory leave）を使った方がよいと思われる。

④ 一航，石田三郎は前一航小田誠と（交代に）^イ乗船した。

Saburo Ishida, chief officer, joined ship in place of_イ Makoto Oda, ex-chief officer.

⑤ 前任二航田村清は，新任二航鈴木雅夫により（交代された）。^イ

Ex-second officer, Kiyoshi Tamura (was) relieved_イ by Masao Suzuki, new second officer.

⑥ 新任三航高山義雄は（職務についた）。^イ

Newly appointed third officer, Yoshio Takayama, took charge._イ

⑦ （実習生）^イ上田俊樹氏は（執職）^ロ三等航海士（に昇任した）。^ハ

Apprentice offcer,_イ Mr. T. Ueda, promoted to,_ハ acting_ロ third officer.

　　(注)　職名の次に氏名を並べるとき，間には必ず「,」を入れる。氏名の後の「,」は入れた方がていねいな表現となる。氏名・職名が反対でも同じ。

⑧ 甲板員伊藤康夫を雇止めした。

Discharged sailor, Yasuo Itō.

⑨ 船客５名が下船した。

5 passengers disembarked.

⑩ （ロサンゼルスからの）^イ船客２名が下船し（香港行きの）^ロ船客３名が（乗船した）。^ハ

2 passengers from Los Angeles_イ left ship and 3 passengers for Hongkong_ロ took ship._ハ

8　消　　毒

記入すべき事項

① 消毒開始，終了，その時刻

② 消毒のための乗組員退船，その時刻

③ 消毒官の乗下船，その時刻

④ 船倉，居住区等の開放，その時刻

和　文

　　0800　消毒準備完了。乗組員退船。

　　0820　消毒官乗船。青酸ガス消毒開始。

　　1530　消毒終了。各船倉，居住区開放。

　　1600　消毒官船内点検後下船。

英　文

> （くん蒸）消毒する = *fumigate;* くん蒸消毒 = *fumigation;* 消毒する = *disinfect;* 消毒 = *disinfection;* 青酸ガス = *hydrocyanic acid;* 硫黄 = *sulphur;* 消毒官 = *fumigation officer;* 検疫官 = *health officer, quarantine officer.*

① 消毒準備を完了した。(当直員)ｲ (以外の)ﾛ全乗組員は退船した。

Finished preparation for fumigation. All crew underline{except}ﾛ underline{watchkeepers}ｲ left ship.

② (消毒官)ｲが乗船した。

Fumigation officerｲ boarded.

③ (船内全部)ｲを (青酸ガスで)ﾛ消毒し始めた。

Started fumigation of all parts of shipｲ with hydrocyanic acid gas.ﾛ

④ 消毒を終了し，(全部の開口)ｲを (開放した)。ﾛ消毒官は退船した。

Completed fumigation and openedﾛ all openings.ｲ Fumigation officer left ship.

⑤ 全部の船倉および (居住区)ｲを開放し，(換気した)。ﾛ

Opened and ventilatedﾛ all hatches and quarters.ｲ

⑥ 乗組員が帰船した。

Crew returned ship.

⑦　検疫官の（指示通り）ⁱ全倉の消毒をした。

Fumigated all cargo holds in <u>accordance with</u>ⁱ quarantine officers instruction.

⑧　（港則により）ⁱ（消毒のため）ᵈ乗組員を陸上の（消毒所）ᵇへ送った。

Sent crew to <u>lazaret</u>ᵇ on shore <u>for disinfection</u>ᵈ by <u>harbour rule</u>ⁱ.

⑨　乗組員および（三等船客）ⁱの居住区を（消毒した）。ᵈ

<u>Disinfected</u>ᵈ crew and <u>steerage</u>ⁱ quarters.

5.4　ドックに関する事項

　ドックに関しては，(1)入出渠に関する事項，(2)入渠中の工事，の二つに分けられる。

1　入　出　渠
記入すべき事項
①　船渠長（ドック・マスター）の氏名およびその乗下船時刻
②　船渠門通過の時刻（船橋の通過）
③　船渠門開閉の時刻
④　渠内張水，排水開始の時刻
⑤　船底が竜骨盤木（キール・ブロック）に座った時刻
⑥　船体が浮かび上がった時刻
⑦　引き船使用の状況および引き船名（5.1の「6　引き船の使用」を参照）

A．入　　渠
和　文
　0805　石井晴夫船渠長乗船，引き船阿佐丸を船首，雪丸を船尾，喜久丸を右舷，豊丸を左舷にとる。
　0810　係索を放つ。船渠長指揮の下に4号船渠に向かう。
　0840　引き船阿佐丸を放ち，4号船渠に係索を送る。
　0850　船渠門通過，各引き船を放つ。

0900　船渠門を閉じる。船渠内排水開始。支柱を当てる。船渠長退船。

0930　船底座床。

1005　排水完了。

英　文

入渠する＝*enter dock, come*（go）*into dock;* 出渠する＝*come out of dock, leave dock;* 入渠させる，ドックに入れる＝*dock;* 出渠させる＝*undock;* 船を引き揚げ船渠にあげる＝*haul her up slip;* 船を引き揚げ船渠よりおろす＝*haul her out of ship;* ドックの水を排水する＝*pump out dock water;* ドックの水を排水し終った（ドックが乾いた）＝*dock dried up;* ドックに張水する＝*flood dock;* 支柱をかける＝*shore up;* 船を垂直にする＝*trim ship upright;* 船を垂直に保つ＝*keep ship upright*

① 　ドックマスター，辻氏および（部下）¹が乗船した。

Dock master, Mr. Tsuji and his <u>men（hands）</u>₁ boarded.

② 　入渠のため総員部署についた。

Stationed for entering dry dock.

③ 　引き船阿佐丸を船首に，喜久丸を右舷船尾にとった。

Took tug Asa Maru fore and Kiku Maru aft.

④ 　係索を放ち，（上記の引き船に引かれて）¹ドックマスター指揮の下に，浦賀ドックに向かった。

Let go lines and proceeded to Uraga Dock in charge of dock master <u>under tow of above tugs.</u>₁

⑤ 　ドック入口に近づき陸上に船首索を送った。引き船を放った。

Approaching dock entrance, sent bow lines to shore. Let go tugs.

⑥ 　ドック入口に着き，ドック内に引き入れを開始した。引き船を放った。

Arrived at dock entrance and started to haul her into dock. Let go tugs.

⑦ 　ドックの入口を通過した。

Passed dock gate.

⑧ 　ドックの門を閉めた。

Closed dock gate.

⑨ 　X ドックに係止した。

Made fast in X Dock.

⑩ ドックの水を排水し始めた。

Started pumping out dock water.

⑪ 船体がキール・ブロック（竜骨盤木）に座った。

Ship took（got）keel blocks.

⑫ 支柱を掛け始めた。

Started shoring up. Commenced to shore up.

⑬ ドックの排水を完了した。

Dock〔floor〕dried up.

⑭ 支柱を打ち終り，ドック工員は水線や船底の洗い方および清掃を始めた。

Finished shoring, dock hands commenced washing and cleaning her water line and bottom.

B. 出　渠

和　文

0800　船渠内張水開始。

0845　船体浮揚する。

0915　船渠門を開く。

0930　石井晴夫船渠長乗船。

0940　引き船阿佐丸を船尾にとる。係索を放ち，船渠長指揮の下に出渠。B桟橋に向かう。

0950　船渠内通過。

0955　引き船阿佐丸を右舷，豊丸を左舷にとる。

1010　引き船を放つ。船渠長退船。

英　文

① ドック内に張水を始めた。

Started to flood dock.

　　（注）　Started flooding dock. でもよい。flood＝満水にする，あふれさせる。

② 船体が浮かんだ。

Ship floated.

③　ドックマスター石井晴夫氏およびドックセイラーが乗船した。

Dock master Mr. H. Ishii and dock sailors boarded.

④　ドックの門を開いた。

Opened dock gate.

⑤　引き船阿佐丸を船尾にとった。

Tug Asa Maru made fast aft.

　　(注)　Took tug Asa Maru on stern. とも書く。

⑥　係索を放ち出渠を開始した。（本船の引き出しを始めた。）

Let go shore lines and commenced undocking. (Commenced to haul her out.)

⑦　ドックの入口をかわった。

Cleared (out of) dock gate.

⑧　別の引き船松丸を船首にとり，バースに向かい進航した。

Took other tug Matsumaru on bow and proceeded to her berth.

⑨　引き船を放って船渠長が退船した。

Let go tugs and dock master left her.

2　ドック作業

記入すべき事項

①　工員の始業および終業の時刻

②　工員の修理作業の大略

③　諸検査施行の時刻・内容

④　船底栓の装脱

和　文

　1600　船渠排水完了。航海士全員，船底検査。異状ない。

　1630　全部の船底栓を脱する。

　0700　工員来船，始業。

　　　　後甲板コーキング，士官居住区木甲板張替え，錨鎖肉盛り修理，舷窓のパッキング修理，一号船底塗料塗装等。

0900　運輸局検査官松本吉秋氏来船。属具検査施行。

1000　舵を持上げ，ピントル，ガッジョンを検査。

1020　両舷錨鎖を渠床に繰出して検査。

1600　工員終業，退船。

0800　船底栓を挿入〔する〕。

0900　張水開始。

英　文

1．船底栓を抜いた＝*took* (screwed) *out bottom plug, unplugged bottom;* 船底栓をはめた＝*plugged bottom, put in bottom plug;* …を検査し，結果良好であった（良い状態とわかった）＝*inspected…and found* O.K. (good condition); …について海難報告をした＝*noted protest against…*

2．船名を書く＝*draw ship's name;* 船底塗料を塗る＝*apply bottom paint;* 舵を持ち上げる＝*lift up rudder;* 元のとおりきっちりはめる＝*reset* (reship) *in good order;* （悪くなったリベットを）新替えする＝*renew* (defective rivet); 溶接する＝*weld;* 水密検査をする＝*execute water tight test;* パッチをあてる＝*apply patch;* 擦傷部分＝*chafed parts;* 一部更新する＝*partly renew;* …新しく作る＝*newly make;* 水セメントをやる＝*wash-cement, apply wash-cement;* タイルをつける＝*apply tiling;* …トンの重量テストをする＝*execute load test of…tons weight;* はんだを付け直す＝*resolder;* 煉瓦の積み替えをする＝*rebrick;* 銀メッキをかけ直す＝*resilver;* 錨鎖を出して並べる＝*range out cables;* ゆるんだスタッドをしめる＝*tighten up loose studs;* きちんと元へもどす＝*stow back in good order;* 調整する＝*adjust;* やきを入れる＝*anneal;* まっすぐにする＝*straighten up;* 移す＝*shift, remove;* 現場で修理する＝*fair in place*

①　航海士全員が船底を検査し，異状ないとわかった。

All officers inspected ship's bottom and found O.K.

②　船体，船底，プロペラを検査し，（プロペラ翼に）ᶦ （つぎの）ᵈ損傷を発

見した。

　"B"40ミリ掻き傷

　"C"50ミリひび入り

　"D"20ミリ曲がり

Inspected ship's hull, bottom and propeller and found following,
damages to propeller blades:,

　"B"40m/m　scratched

　"C"50m/m　cracked

　"D"20m/m　bent

③　プロペラ翼に（発見された損傷につき），′中国運輸局広島運輸支局長に
（海難報告をした）。″

Noted protest, against the damages found, to propeller blades before
chief of Hiroshima District Transport Branch of Chugoku District
Transport Bureau.

④　燃油タンク（以外の）′全二重底タンクの（船底栓を抜いた）。″

Screwed off bottom plugs, of all double bottom tanks except, fuel oil
tank.

⑤　船首尾水タンクおよび一，二，三番バラストタンクの船底栓を（抜い
た）。′

Took off, bottom plugs of F.P.T, A.P.T & Nos. 1, 2 & 3 B. Ts.

⑥　全部のタンクの（船底栓をはめ）′（その上に厚いセメントをやった）。″
二等航海士監督。

Plugged bottom, of all tanks, applying thick cement, under 2nd
officer's care.

　(注)　apply　cement＝セメントを塗る。

⑦　A，Bの検査官 J. Kenedy 氏来船，舵，錨，錨鎖を検査した。結果良
好。

　A. B. surveyor, Mr. J. Kenedy boarded and inspected rudder, anchor &
anchor cable & found them in good condition.

⑧　N.K 検査官中村一郎氏来船。船底を検査し，外板のへこみおよびプロ

ペラ翼の曲がりを発見した。

N.K Surveyor, Mr. I.Nakamura came on board, inspected ship's bottom and found outside plating dented₁ and propeller blade bent.

　(注)　1．外板がへこんでいるのを発見した。

⑨　C外板の肋骨番号20と21の間に約1/2吋のへこみを発見し，(管海官庁)ｲに (事故について)ﾛ海難報告をした。

Found about 1/2″ dent in C strake between frames Nos. 20 and 21 and noted protest against casualty₀ before Maritime Authority.ｲ

⑩　救命艇の (属具)ｲを検査した。結果良好。

Inspected equipments of lifeboats and found them in good condition.

⑪　ドック作業員が来船し，(つぎのように)ｲ仕事を始めた。

Dock hands boarded and commenced work as follows:ｲ

　(注)　仕事の内容を書くには，はじめに⑪のように書いても⑫，⑬のように書いてもよい。

⑫　ドック作業員が仕事を止め，退船した。

Dock hands stopped work and left ship.

⑬　ドック作業員はつぎのように仕事をした。

Dock hands worked as follows:

　a．(さびている部分)ｲを (全体にわたって)ﾛ掻き落したりさび打ちしたりして (船底を清掃すること)。ﾊ

Cleaning ship's bottom,ﾊ scraping and chipping rusty partｲ thoroughly.ﾛ

　b．(かん水路清掃)ｲおよび (清掃後水セメントをぬること)ﾛ。

Cleaning limbersｲ and applying wash cement₀ after cleaning.

　c．(検査のため)ｲ錨鎖をドックの床に (並べること)。ﾛ

Ranging out₀ cables on the dock floor for inspection.ｲ

　(注)　ドック作業員の仕事は，簡単な場合は⑭のように記してもよい。

⑭　ドック作業員は外板のさび落としや，スクレープをした。

Dock hands employed in chipping and scraping ship's outside. Dock hands chipped and scraped ship's outside.

⑮　ドック作業員は (入渠仕様書どおり)ｲ (普通修繕)ﾛに従事した。

Dock hands employed in <u>running repair</u>ロ <u>as per docking</u> indent.

(注)ロ．特別の修繕でなく随時行われる修繕のこと。また沖修理のこと
も running repair という。

（参考）　periodical survey（定期検査）

intermediate survey（中間検査）

temporary survey（臨時検査）

alterations survey（特殊船検査）

5.5　漁船操業に関する事項

遠洋漁業のうちまぐろ延縄漁，トロール漁業および捕鯨業ならびに沿岸漁業
の二，三について，ログ・ブックの記入法を述べる。

(注)1．漁船操業中の記入事項は，各漁船により違うが，どの漁船でも
「針路に関する事項」「機関の使用に関する事項」は航海中や出
入港に準じて，一応記載しなければならない。

操業中，機械使用のことを何も書いてないということは，出港
時前進全速（Full ahead）にしたまま，ということになる。漁
場に着いて針路をたびたび変えるようになったら，何時何分機
械用意（S/B eng.），何時何分前進微速以後機械（使用）適宜
（slow ah'd & var.）と書くことが必要である。

その後，前進全速とし一定の針路で航走し始めたら，「…°に定
針」「前進全速」と書けばよい。漂泊や母船横付けなどの場合
のように長く機械を stop するときは，最後に stop にした時
刻や，機械終了した時刻も忘れてはならない。

2．漁具の名称については5.3の1の「H．漁具整備」を参照の
こと。

1　まぐろ延縄漁船
記入すべき事項
① 漁場着・発

② 延縄投入の開始・終了

③ 漂泊開始・終了

④ 縄回りの開始・終了，異状の有無

⑤ 延縄揚収の開始・終了

⑥ 適水（漁場探索）開始・終了

⑦ 操業中の事故（延縄のプロペラからみ付き，延縄切断流失，人命損傷
等）（「5.6　事故および海難に関する事項」参照）

⑧ 針路に関する事項（航海中に準ずる）（普通は投縄時のみ定針 set
co.で，その他は針路不定 var. co.）

⑨ 機関の使用に関する事項（出入港時に準ずる）（普通は投縄時のみ前進
全速 Full ahead で，その他のときは機関使用適宜 var. eng.）

以上をその時刻と共に記入する。

和　文

0215　漁場着。総員を操業部署につける。

0230　投縄開始。

0640　投縄終了。針路不定。縄回り開始。

0900　縄回り終了。異状なし。漂泊開始。機械停止，終了。

1100　機械用意。

1105　揚げ縄開始。前進微速。後機械使用適宜。針路不定。

1538　縄の切断流失を発見，探索。

1610　縄発見。揚げ縄再開。

2135　揚げ縄終了。漂泊，機械停止・終了（揚げ縄終了。適水開始。）

0200　適水終了。投縄開始。前進原速。260°に定針。

0315　縄がプロペラにからむ。機械停止。

0340　縄のからみを解く。前進半速，後機械使用適宜。

英　文

操業，作業 = *operation*; 操業部署に付ける = *station for fishing*; 投縄
= *streaming lines*; 揚縄 = *heaving up lines, taking in lines*; 漂泊する =
drift; 適水をする = *search for suitable sea temperature for tuna*; 漁場探
索 = *searching for better* (suitable) *fishing ground*; プロペラにからむ =

foul propeller; からみ（もつれ）を解く＝*unravel the foul;* 縄が切断して流失した＝*lines parted and drifted*（were carried）*away;* 縄がもつれる＝*lines foul;* 縄回りをする＝*inspect along lines;* ライン・ホーラー＝*line hauler;* 幹縄＝*ground line, main line;* うけ縄＝*main line hanger, buoy line;* 枝縄＝*branch line;* ラジオ・ブイ＝*radio buoy;* ボンデン＝*bamboo flag buoy, marking stick;* ビン玉＝*glass float;* せきやま＝*cotton thread;* かなやま＝*steel wire;* 針＝*hook;* …鉢＝…*units*

① 漁場着。総員を（操業部署につけた）。^イ

Arrived at fishing ground. <u>Stationed all hands for fishing.</u>_イ

② （投縄）^イを開始した。SWに変針した。（定針した。）

Commenced <u>to stream lines.</u>_イ　Altered course to SW. (Set course to SW)

> **(注)** 今まで var co. であったなら「SWに定針した」とし，定針していたら，「SWに変針した」とする。

③ 投縄を終了し，ついで（縄回り）_イを開始した。針路不定とした。

Finished streaming long lines and then started to <u>inspect along lines.</u>_イ Altered course variously.

> **(注)** Finished to stream…としてはいけない。Finish は不定詞を目的語にとれない。

④ （縄に魚がかかっているのを発見し）^イ（揚げ縄）^ロを開始した。後進微速，以後適宜に機関を使用した。

<u>Finding lines caught some fishes,</u>_イ started <u>to heave up lines.</u>_ロ Slow astern and then used engine variousy.

⑤ 縄回りを終了した（異状は認められなかった）。^イ

Finished inspecting along lines anld <u>found O.K.</u>_イ

⑥ 漂泊した。（漂泊し始めた。）機械停止，終了。

Drifted (Commenced drifting.) Stopped and finished with engine.

⑦ （揚げ縄）^イを開始した。（針路不定，機械使用適宜）。^ロ

Started <u>to take in long lines</u>_イ <u>steering var'ly and using engine as required.</u>

(注) ロ．いろいろのコースとエンジンで，の意味。

⑧ 揚げ縄を終了し，漂泊した。機械停止，終了。

Finished taking in long lines and drifted. Stopped and finished with engine.

⑨ （適水）′を開始した。（終了した。）

Cemmenced (Finished) searching for suitable sea temperature for tuna.′

　　(注) イ．まぐろに適当な水温の探索，の意味。

⑩ 縄がプロペラに（からんだ）。′

The lines fouled′ propeller.

⑪ 縄のからみを（解いた）。′

Unraveled′ the foul of the lines.

⑫ 縄が（切断して）′（流失している）ロのを発見した。

Found the lines parted′ and carried away.ロ

⑬ その縄を発見し，揚げ縄を（再開した）。′

Caught (Found out) the above₁ lines and resumed′ taking in.

　　(注) 1．上記の。

2　トロール漁船

記入すべき事項

① 漁場着・発。

② 投網（トロール網投入）開始・終了。

③ 引き網　開始・終了。

④ 揚網（トロール網揚収）開始・終了。

⑤ 針路に関する事項（航海中に準ずる）（普通は引き網中のみ定針set co.で，その他のときは針路不定 var. co.)

⑥ 機関の使用に関する事項（出入港時に準ずる）（普通は引き網中が前進全速 Full ahead または前進適宜 var. ahead で，その他のときは停止 stop または機関（使用）適宜 var. eng.)

⑦ 操業中の事故

以上をその時刻と共に記入する。

和　文

0800　漁場着。機械停止後適宜。針路不定。

0810　投網開始。

0825　投網終了。引き網開始。前進全速。335°に定針。

1230　網が泥土を掻く。針路不定。機械停止後適宜。

1235　揚網（または泥土排除）開始。

1250　揚網（または泥土排除）終了。投網再開。

1310　投網終了。引き網開始。前進全速。335°に定針。

1700　引き網終了。揚網開始。機械停止後適宜。針路不定。

1720　揚網終了。

英　文

> 操業・作業 = *operation;* コダイ = *red sea-bream;* グチ = *yellow sea-bream;* カレイ = *croaker;* タイウオ = *lizard fish;* 投網 = *setting net;* 網を入れる = *set net;* 揚網 = *heaving in net;* 網を揚げる = *haul in net, heave in net;* 引き網 = *trawling net;* 網を引く = *trawl net;* …にからむ = *foul;* もつれる = *foul, get foul, get entangled;* からみを解く = *unravel* (clear) *the foul;* 岩に引っ掛かる = *be caught by rock;* 網を岩からはずす = *clear net from rock;* 障害物 = *obstacle, obstruction;* ワープ = *warp;* ハンド・ロープ = *hand rope;* オッター・ボード = *otter board;* トーイング・ブロック = *towing block;* メッセンジャー = *messenger;* 引き網 = *hauling rope;* 二そう引き底引き網漁船 = *bull trawler;* 底引き網漁船（一そう引き）= *Danish* 〔seine〕 *trawler*

① 漁場に着いた。機械停止後適宜。針路不定とした。

　　Arrived at fishing ground. Stop eng. & var. A/co var'ly.

② （投網）¹を開始（終了）した。

　　Commenced (Finished) setting net.¹

③ （引き網）¹を開始した。前進全速。335°に定針。

　　Commenced trawling net.¹ Full ahead. S/Co to ＜335＞.

④ （揚網）¹を開始した。前進微速後，前進適宜。

　　Commenced heaving in net.¹ Slow ah'd & var. ah'd.

⑤　揚網を終了し，再度（投網）ᶦにかかった。

Finished heaving in net and started <u>to set net</u>ᶠ again.

⑥　操業を完了し，戸畑向け漁場を出発した。前進原速。機械宜しい。

Completed all fishing and left fishing ground for Tobata. Full ah'd & rung up eng.

⑦　引き綱（手綱）がプロペラにからんだ。機械を停止して，（取りはずし）ᶦにかかった。

Warp (Hand rope) fouled propeller. Stopped engine and started <u>to make clear.</u>ᶠ

⑧　引き綱のからみを解いた。前進微速後適宜。

Unraveled (Cleared) the foul of warp. Full ahead and various.

⑨　（網がもつれたので），ᶦ直ちに（必要な処置）ᵈを取った。

<u>Net fouling,</u>ᶠ took <u>necessary steps.</u>ᵈ

　　（注）イ．As net fouled，と同じ。

⑩　網が泥土を掻き込んだ。（ドベを掻いた）

Net scratched up mud.

⑪　網が何かの障害物に引っ掛った。

Net (was) caught by some obstacle.

⑫　網を障害物からはずした。

Cleared the net from obstacle.

3　捕 鯨 船

記入すべき事項

①　針路に関する事項（航海中に準ずる）

②　機関の使用に関する事項（入出港時に準ずる）

③　原速航行中，回転数（ログの代わりにこれで速力を算出する）

④　探鯨開始，終了

⑤　鯨の発見，鯨の種類（記号）×頭数，鯨の位置，鯨の遊泳状況（潜水時間，進行方向，性質等），視界

⑥　追尾

⑦　発砲開始

⑧　命中，不命中または捕獲の成否（命中弾数，不命中弾数も付記）

⑨　完捕，浮鯨（どちらか一つだけを書くこともある，捕獲番号も併記）

⑩　集鯨（捕獲番号も併記）

⑪　渡鯨（母船引渡し）

⑫　母船横付け，離舷

⑬　母船との交流（燃料油，清水などの補給，負傷者の母船引渡し，帰船等）

⑭　氷山の発見，その位置，流氷帯の進航

⑮　船団編入，離脱

⑯　捕鯨砲試射

⑰　その他，鳥付き，餌付きの発見など

以上をその時刻と共に記入する。なお，鯨の種類はつぎのように記号を用いる。

イワシ鯨，Sei whale＝Se.

ミンク鯨，Minke whale＝M.

ニタリ鯨，Bryde's whale＝Br.

和　文

0400　探鯨開始，080°に定針，R.P.M. 155.

（注）　R.P.M.＝毎分回転数。（Revolution Per Minute）

0510　065°に変針。

1330　発見（Se×1，53°―15′S，41°―28′E，下長い，SSW，こすい，視界4）追尾開始・針路不定，機械使用適宜。

1335　発砲開始。

1410　捕獲（命中3，不命中1）

1500　#1 Se 浮鯨完了（53°―20′S，41°―32′E，），探鯨再開，230°に定針，前進原速，R.P.M. 155

1700　発見（Se×2，54°―15′S，40°―12′E，下短い，NE，足速い，視界2）追尾開始，針路不定，機械使用適宜。

1730　発砲開始。

1735　捕獲（命中4，不命中2）

1800　＃2Se吊鯨，＃1Se集鯨に向かう，285°に定針，前進原速，R.P.M. 158.

1930　＃1Se付近着，針路不定，機械使用適宜。

1950　＃1Se吊鯨，母船に向かう，356°に定針，前進原速。R.P.M. 155.

2200　母船付近着，針路不定，機械使用適宜。

2210　母船に右舷係留（52′—10′S，40°—03′E），機械停止。

2300　F.O. 70kl，F.W. 12t補給完了。母船より離舷，前進微速後適宜。

2320　渡鯨完了，Se×2。

2335　母船を035° 1/2′に見て，漂泊開始，機械停止，機械終了。

英　文

操業，作業 =*operation;* 探鯨する =*scout whales, search for whales;* 探鯨 =*scout of whales, searching for whales;* 潜水する =*dive into the water, submerge;* こすい（ずるい）=*tricky, crafty;* 視界 =*visibility;* 追尾する =*pursue, chase;* 追尾 =*pursuit, chasing;* 捕鯨砲 =*harpoon gun;* 発砲する =*shoot a harpoon, fire, fire off a gun;* 発砲 =*fire, firing;* 命中しない =*fail to tell, miss the mark;* 命中する =*hit [the mark], tell;* 浮鯨する =*float whale;* 浮鯨 =*floating whale;* 吊鯨する =*hang whale;* 吊鯨 =*hanging whale;* 集鯨する =*collect whales;* 集鯨 =*collection of whales;* 曳鯨する =*tow whale;* 曳鯨 =*tow of whale;* 渡鯨する =*deliver whale;* 渡鯨 =*delivery of whale;* 母船 =*mother ship;* 工船 =*factory ship;* 氷山 =*iceberg;* 氷海 =*frozen sea;* 隊形 =*formation.*

(注) 1．hit—hit—hit—hitting
　　　2．hang—hung—hung—hanging
　　　3．shoot—shot—shot—shooting

① （探鯨）ィを開始した。165°に定針した。前進原速，R.P.M. 150.

Commenced <u>searching for whales.</u>ィ Set course to ＜165＞. Full ahead. R.P.M. 150.

(注)ィ．scout of whales でもよい。

② （鯨）ィを発見した。

Found out <u>a whale.</u>イ

 (注) 二頭以上の場合は whales とする。

③ 長（短）く（潜水している）。イ

<u>Submerging</u>イ long (short).

 (注) イ．Diving into the water でもよい。

④ SSW に進んでいる。

Proceeding to SSW.

 (注) 例文③，④は例文②のあとに続ける。

⑤ （追尾）イを開始した。針路不定とし，機関を適宜に使った。

<u>Started to chase.</u>イ Altered course variously and used engine as required.

 (注) 実際にはA/Co var'ly & used eng as required. と略す。

⑥ 発砲を開始した。

Opened fire. または Commenced shooting harpoons.

⑦ 捕獲した。（命中5発，不命中3発）

Caught. (5 shots hit & 3 missed)

⑧ 逃げられた。（捕獲に失敗した。）（命中1発，不命中5発）

Failed to catch. (1 shot hit & 5 missed)

⑨ No. 3 M の浮鯨を完了した。

Finished floating No. 3 M.

 (注) No. 3 Mとは，三番目捕獲のM，すなわちミンク鯨のこと。

⑩ （指定地点）イに向かった。＜285＞に定針した。前進原速，R.P.M 152.

Proceeded to <u>the appointed point</u>イ and set course to ＜285＞. (Set course to ＜285＞ for the appointed point.) Full ahead. R.P.M. 152.

⑪ （上記地点）イに到着した。機械停止。

Arrived at <u>the above point.</u>イ Stopped engine.

⑫ ＃2M を吊鯨した。

Hung No. 2 M.

⑬ ＃1Brの曳鯨に向かった。305°に定針した。前進原速，R.P.M. 150.

Proceeded to tow ＃1 Br. Set course to <305>. Full ahead. R.P.M. 150.

⑭ （集鯨）イを完了して，母船向け160°に定針した。前進原速，R.P.M. 145.

Completed <u>to collect all whales</u> and set course to <160>. Full ahead.
R.P.M. 145.

⑮　母船付近に到着した。機械停止後適宜。

Arrived near mother ship. Stop and then used engine var'ly.

⑯　＃1，2，および3Brを母船に（渡した）。

<u>Delivered</u> Nos. 1, 2, & 3 Br's to mother ship.

⑰　氷山をSW15′に発見した。

Found out an iceberg on SW, 15′ off.

⑱　氷海に進航した。

Proceeded into frozen sea.

⑲　氷海を脱した。

Cleared out of frozen sea.

⑳　隊列に入った。

Joined in the formation.

㉑　隊列を離れた。

Left the formation.

㉒　捕鯨砲の試射をした。

Tried to fire (shoot) harpoon gun.

4　さんま棒受網漁船
記入すべき事項

① 漁場着

② 魚群探索開始

③ 魚群発見

④ 集魚開始

⑤ 投網 ⎱ その開始から終了までの時間が短いので，その終了の時刻を投揚
⑥ 揚網 ⎰ 網の時刻とする。

⑦ 操業完了，漁場発

⑧ 針路に関する事項（漁場着から発までは，針路不定 var. co. とした方が
よい

⑨　機関に関する事項（操業中は，機械使用適宜。var. eng. とした方がよい。）
以上を時刻と共に記入

和　文

2010　機械用意。操業用意。

2020　漁場着。魚群探索開始，機械停止後適宜。針路不定。

2055　魚群発見。集魚開始。

2105　投網。

2145　揚網（第 1 回目）魚群探索再開。

⋮

⋮

⋮

0315　揚網（第 5 回目），満船となり操業終了。大船戸向け漁場発。前進
全速・全速継続。NNE に定針。

英　文

> 操業，作業 = *operation*; 棒受網 = *stick-held dip net*; あじ = *horse*
> *mackerel*; さんま = *pacific saury, mackerel-pike*; 網を入れる，投網する
> = *cast net, set net*: 網を引き揚げる = *haul up net*; 魚群を探索する =
> *search for fish shoal*; 魚群 = *fish school, fish shoal*; 集魚 = *luring fish,*
> *gathering fish*; 満船となった = *ship filled*; 第 2（3）回目 = *2nd（3rd）*
> *time*; 集魚灯 = *luring light*; 飼をまく = *scatter baits*; 魚をすくい上げる
> = *scoop up fish*.

①　機械用意，操業用意（総員を操業部署に付けた。）

S/B eng. S/B for fishing. (Stationed all hands for fishing.)

②　漁場に着き，（魚群の探索）¹ を開始した。機械停止後適宜，針路を不定
とした。

Arrived at fishing ground and commenced searching for fish.₁ Stop eng.
& var. (Stopped engine and then used variously). a/co var'ly

③　魚群を発見し，（集魚）¹ を開始した。

Found out fish school and started luring (gathering) fish.₁

④　投網した。

Cast net.（Set net.）

⑤ 揚網した。（第1回目）

Hauled up net（1st time）

⑥ 魚群探索を再開した。

Resumed searching fish school.

⑦ （満船となったので）¹操業を中止した。

Stopped fishing, ship filling.

⑧ （満船で）¹操業を完了し，大船戸向け漁場を出発した。前進全速，全速
継続，NNEに定針した。

Completed fishing with a full haul₁ and left fishing ground for Ofunado.
Full ah'd & R/up eng. S/co to NNE.

5 さば（かつお）一本釣り漁船
記入すべき事項

① 漁場着

② 魚群探索開始

③ 魚群発見

④ 集魚開始

⑤ 一本釣り開始（魚体の大，中，小）

⑥ 餌付きの良・不良（水色・水温）

⑦ 釣り中止，魚群探索再開または漁場発

⑧ 針路に関する事項（操業中は．針路不定，var. co.）

⑨ 機関に関する事項（操業中は機械使用適宜，var. eng.）

　以上を時刻と共に記入

和　文

1850　機械用意。操業用意。

1905　漁場着。魚群探索開始。前進半速後適宜。針路不定。

1920　魚群発見。集魚開始。

1925　一本釣り開始。（魚体中，餌付き良好，水色良好，水温17.5℃）

2030　餌付き不良となり，釣り中止。魚群探索再開。

2350　満船となり，釣り中止。館山向け漁場発。前進全速，全速継続。
　　　　N35°W に定針。

英 文

「4　さんま棒受網漁船」を参照のこと。違う点だけを述べる。

> ご ま さ ば ＝ *spotted mackerel;*〔ま 〕さ ば ＝ *mackerel;* か つ お ＝
> *skipjack;* びんなが＝*albacore;* そうだかつお＝*frigate mackerel;* 一本釣
> り＝*pole and line fishing;* 釣り＝*angling, fishing;* 餌付き＝*biting of the*
> *fish;* 餌 付 き 良 好 ＝*good biting;* 水 色 ＝*color of sea;* 水 温 ＝*sea*
> *temperature;* 魚体＝〔*fish*〕*body;* 大＝*large;* 中＝*medium;* 小＝*small;*
> 水面に水をまいた＝*sprinkled water on the water surface.*（その他「4
> さんま棒受網漁船」参照）

①　（一本釣り）ⁱを開始した。＜（魚体）ᵘ中，餌付き良好，水色2，水温17.5℃＞

　　Commenced <u>pole and line fishing.</u>ⁱ（medium <u>body,</u>ᵘ good biting, color of
sea 2, sea temperature 17.5℃）

②　（餌付き）ⁱ（不良となったので）ᵘ釣りを中止した。

　　<u>Biting of the fish</u>ⁱ <u>becoming worse,</u>ᵘ stopped fishing.

　　(注) イ．ロ．As biting of the fish became worse. と同じ。

③　餌を水中に（まいて）ⁱ餌付の良否を（調べた）。ᵘ

　　<u>Scattered</u>ⁱ baits in the water and <u>examined</u>ᵘ the biting of the fish.

6　さけ・ます流網漁船

記入すべき事項

①　漁場着

②　投網開始・終了

③　漂泊開始

④　揚網開始・終了

⑤　漁場発

⑥　母船着・横付け・水揚げ（母船式の場合）

⑦　操業中の事故（5.5の「1　まぐろ延縄漁船」および5.5の「2　ト

ロール漁船」，ならびに「5.6　事故および海難に関する事項」参照のこと）

⑧　針路に関する事項（普通投網中を除いて，漁場では針路不定とする）

⑨　機関の使用に関する事項（普通漁場では機械使用適宜とする）

　以上を時刻と共に記入

和　文

1710　操業用意。機械用意。

1720　漁場着。投網開始。前進半速後（機械使用）適宜。NNEに変針。

　（注）　今まで，針路不定であったら「NNE に定針」とする。また今まで機械使用適宜であったら漁場で機関に関する記事は特に書かなくてもよい。

2150　投網終了。漂泊開始。機械停止。

　（注）　漂泊中に機械を使用するならば，機械使用適宜の状態（1720より継続）であるので，2150には機械停止と書かない。それ以後も同様。

0230　揚網開始。前進全速後（機械使用）適宜。針路不定。

0800　揚網終了。母船向け漁場発。前進全速。全速継続。SWに定針。

1110　機械用意。

1120　母船を船首1/2′に望み。前進半速後適宜。針路不定。

1150　母船金城丸左舷側に右舷係留完了。機械停止。終了。漁獲物引渡し開始。

1300　漁獲物引渡し終了。機械用意。

1305　母船より離舷。前進半速後適宜。

1330　機械停止。終了。漂泊開始。

英　文

さけ・ます＝*salmon and trout*; 流網＝*drift net*; 投網する＝*set net*; 揚網する＝*haul in net*; 漂泊＝*drifting*; 漂泊する＝*drift*; 母船＝*mother ship*; 工船＝*factory ship*; 独航船＝*catcher*; 川崎船＝*crab gill net fishing boat*; 漁獲物＝*fish catch*; （その他5.5の「1　まぐろ延縄漁船」，5.

5の「2　トロール漁船」を参照)

① 操業用意。機械用意。

S/B for fishing, S/B eng.

② 漁場着。投網を開始した。前進半速後機械使用適宜，NNEに変針した。

Arrived at fishing ground. Commenced setting nets. Half ah'd & used eng. var'ly. A/co to NNE.

③ 投網終了。漂泊開始。機械停止。

Finished setting nets and commenced drifting. Stop eng.

④ 揚網開始。前進全速後適宜。針路不定。

Commenced hauling in nets. Full ah'd & var., steering as required.

⑤ 揚網終了。母船向け漁場発。前進全速。全速継続。SWに定針。

Completed hauling in nets. Left fishing ground for mother ship. Full ah'd & R/up eng. S/co to SW.

⑥ 機械用意，母船を船首1/2′に望み，前進半速後適宜，針路不定とした。

S/B eng. Sighted mother ship ahead 1/2′ off, and reduced speed to half & used eng. var'ly. A/co var'ly.

⑦ 母船金城丸右舷側に左舷を係留した。機械停止，終了。

Made her fast port side to starboard side of mother ship "Kinjō Maru." Stopped & finished eng.

⑧ 漁獲物を母船に引渡した。

Delivered fish catches to mother ship.

⑨ 母船より離舷した。

Left mother ship.

5.6　事故および海難に関する事項

船員法により，海難事故は管海官庁に報告しなければならないが，その報告は航海日誌に基づいてなされる。また，海難審判や海難事故の保険処理の場合にも航海日誌が参照されるので，海難に関する記事は非常に重要である。

記入すべき事項

① 　事故（海難）発生の時刻

② 　事故の内容

　・いつ（船が何をしていたときか）

　・どこで，または船内のどの部分で

　・誰が，または何が

　・どうして（理由）

　・何をした，またはどうなった

③ 　事故の処置，その時刻

④ 　事故の主な経過，その時刻

　　（注）　以上の事項のうち，「いつ」「どこで」のようにそれまでのログ・
　　　　　ブックの記事からわかりきっているもの，あるいははっきりわか
　　　　　らない場合の「理由」は，特に記入しなくともよい。

1　錨および錨鎖関係の事故

和　文

　0800　右投錨。

　0807　右舷錨鎖5節目で切断。右投錨。

　0815　錨鎖4節とする。水深10m底質泥。神戸着。

　0817　ボート・アンカーを引き紛失錨鎖を探す。

　1600　紛失錨鎖を発見。引揚げる。（錨鎖発見不能。探索を中止する）

英　文　（5.1の「3　錨の使用」も参照）

　錨鎖が切断した＝*chain cable parted*; 錨鎖を錨に取り付ける ＝*bend cable to anchor*; 錨鎖が錨にからんだ ＝*chain cable got foul of*（got fouled with, fouled with, fouled）*anchor*; からみを解いた ＝*got clear of*（cleared）*the foul*; 錨鎖をはずす ＝*unshackle cable, unbend cable*; 錨鎖を錨に連結する ＝*bend cable*; 錨鎖を切断する ＝*part cable*

　　（注）　bend—bent—bent—bending

① 　右舷錨鎖が（第5節目で）ˊ（切断した）。ロ

Starboard cable parted□ at 5th shackle.ˊ

② （直ちに）^イ 左舷錨を投じ，錨鎖を4節まで（繰出した）。^ロ

Let go port anchor <u>immediately</u>_イ and <u>veered</u>_ロ cable to 4 shackles.

③ ボートを降ろし，（ボート・アンカーを引いて），^イ 落とした錨鎖を（探した）。^ロ

Lowered boat and <u>searched</u>_ロ the lost cable <u>by dragging boat anchor.</u>_イ

④ （なくした錨鎖）^イ の（探索）^ロ を中止した。

Stopped（Gave up）<u>searching for</u>_ロ the lost cable._イ

⑤ （上記の）^イ錨鎖を発見し，引揚げた。

Found and picked up <u>the above</u>_イ cable.

⑥ 左舷錨鎖を（繰り出している間に），^イ 第1節錨鎖のジョイニング・シャックルが切断した。

<u>While paying out</u>_イ port cable, the joining shackle of the 1st length of chain cable parted.

⑦ 落とした錨と錨鎖の（位置）^イ（を示すために），^ロ アンカー・ブイを（投じた）。^ハ

<u>Cast</u>_ハ anchor buoy <u>to indicate</u>_ロ the spot_イ of the lost anchor and chain.

2　操舵装置の事故

和　文

　0800　操舵機故障，機関停止，修理にかかる。

　0830　操舵機復旧，前進原速。

　1600　電動操舵装置故障，手動操舵装置に切換える。

　1730　操舵復旧。

英　文

> 故障＝*trouble, accident;* 故障を生じる＝*go wrong, start a trouble, be disabled, be out of order;* 操舵装置＝*steering gear;* 操舵機＝*steering engine;* 応急操舵装置＝*emergency steering gear;* 応急操舵装置に切替える＝*change to emergency steering gear;* 復旧する＝*recover, restore state.*

① 操舵機が（故障した）。^イ 機関を停止して修理に取りかかった。

Steering engine <u>went wrong</u>ィ（<u>got out of order</u>）.ィ Stopped engine and repaired it.

② 操舵機が（復旧し）ィ 機関を（前進原速とした）。ロ

Steering engine <u>recovered</u>ィ and <u>put engine</u> <u>full ahead</u>.ロ

③ （電動操舵装置が故障したので），ィ 手動に切替えた。

<u>Electric steering gear being disabled</u>,ィ changed to hand gear.

　（注）イ．As electric steering gear was disabled. と同じ。

④ 操舵が（復旧した）。ィ（元の状態にもどった）。

Steering <u>restored to former state</u>.ィ

　（注）イ．restored state でもよい。

⑤ 操舵装置の（突然の故障）ィ（のため）ロ 漁船（と衝突した）ハ

<u>Due to</u>ロ <u>sudden trouble</u>ィ with steering engine, <u>collided with</u>ハ a fishing boat.

3　プロペラ事故
和　文
　1300　船尾係索を放つ，後進微速後機械使用適宜，清水発東京に向う。
　1304　係索がプロペラにからむ，機械停止，右投錨。
　1305　錨鎖3節とする。プロペラ事故のため仮泊。
　1400　潜水夫来船，係索のからみ解き開始。
　1530　係索からみ解き完了。
　1540　右揚錨，前進微速後機械使用適宜，東京向け続航。
英　文

　…がプロペラにからむ＝…*foul the propeller;* からみを解く＝*clear the foul;* プロペラが…に当たった＝*propeller touched*…; プロペラがなにかに引っ掛った＝*propeller caught on something;* プロペラが運転不能となった＝*propeller was disabled.*

　（注）catch—caught—caught—catching
① 係索がプロペラに（からんだ）。

The mooring rope underline{fouled}_イ the propeller.

② プロペラ（事故）^イ のため（仮泊した）。^ロ

underline{Anchored temporarily}_ロ due to underline{the accident}_イ to the propeller.

③ 潜水夫が来船し，その（からみ）^イ を解くのを始めた。

A diver came on board and commenced to clear underline{the foul.}_イ

④ 係索のからみを解き終った。

Completed work to clear the foul from the mooring rope.

⑤ 潜水夫にからんだ綱を解き，プロペラを点検させた。

Had a diver remove the fouled rope and examine the propeller.

　　（注）　have＋目的語＋～（動詞原形）＝目的語に～してもらう。

⑥ 彼は（プロペラにはなにも損傷のないこと）^イ を報告した。

He reported underline{that propeller had sustained no damage.}_イ

　　（注）　sustain＝（損失などを）受ける，こうむる。

⑦ プロペラが係留ブイの錨鎖を（からんだ）。^イ

The propeller got underline{fouled with}_イ the chain of the mooring buoy.

⑧ 二等航海士と操舵手にプロペラの所へ行き点検させた。

Sent down₁ 2nd officer and a quartermaster to examine₂ the propeller.

　　（注）　1＝送った，2＝点検するために。

⑨ 二枚の（プロペラ翼）^イ の先端に（多少の掻き傷）^ロ を発見した。

Found underline{slight scratch}_ロ in the tip of two underline{propeller blades,}_イ

⑩ 門司向け神戸を出発しているとき，（引き船から離された曳索）^イ が本船のプロペラにからんだ。

While leaving Kobe for Moji, underline{tow rope（which was）released from the tug boat}_イ fouled our propeller.

⑪ （当直機関士）^イ がプロペラに衝撃を受けた旨知らせた。

underline{Engineer on duty}_イ reported some impact on propeller.₁

　　（注）1．「プロペラへの何らかのショック」の意味。

⑫ ひどい衝撃と（恐ろしい震動）^イ を（船尾に）^ロ（感じた）。^ハ

underline{Felt,}_ハ heavy shock and underline{tremendous vibration}_イ in her stern._ロ

⑬ 機関長がプロペラの（異状）^イ を報告した。

Chief engineer reported <u>something unusual</u>ィ with her propeller.

⑭　機関に（十分の注意を）ィ（払いながら）ロ，微速で航海を継続した。

Continued her voyage at slow speed, <u>giving</u>ロ every <u>attention</u>ィ to the engine.

4　接触および衝突

和　文

0735　東京日之出桟橋に係留中，桟橋北端に＃２ハッチ右舷側が接触，外板曲損。

0600　左舷船尾が係柱と軽く接触，損害ごく軽微。

1630　船体後部に激動を感ずる。

1640　全タンク，ビルジ点検の結果，A.P.T.への海水漏入を発見。

0800　機船明徳丸の右舷船首が本船左舷船尾に衝突，肋骨番号五番と八番の間のD外板に50cm平方，４cm深さの凹損を生ずる。

0810　明徳丸と必要事項を相互に連絡する。同船に航行の危険のないことを確認し，続航。

英　文

> …に接触する＝*touch* …; …と接触する＝*come into contact with, touch with*; ～を…された＝*got* ～…（過去分詞）; …と衝突する＝*run against (into), collide against (with), run foul of, come into collision with*; 衝突（接触）が起こる＝*collision (touch) takes place*; …，それが原因で～の損害をひき起こした＝…, *which caused the damage of*～*ing*; 損害を受けた＝*sustained damage*; 船底が…を引っかいた（こすった）＝*ship's bottom scratched (scraped)*～; 船首から２点の角度で（衝突した）＝*(collided) at an angle of 2 points from bow*; 人に損傷はなかった＝*no soul injured*; 水線の上に（の）＝*above water line*

　（注）　衝突に続く浸水あるいは他船救助に関しては，「6　浸水」と「10　人命救助」を参照のこと。

A．岸壁，障害物等との接触，衝突

① 水先人山本正夫氏（の指揮で）,ᶦ サウス・ドック入口に（着舷中）,ᵈ 入口の角に接触し，そのため二番倉左舷外板に（凹損）ᵛを生じた。

While getting alongsideᵈ South Dock entrance <u>in charge of</u>ᶦ pilot, Mr. M. Yamamoto, touched the entrance corner, <u>which caused</u>₁ <u>dent</u>ᵥ in shell plating at No.2 hatch port side.

> **(注) 1.** ＝and it caused …（そしてそれが…を引き起した，そしてそのため…を引き起こした。）it は前の文，つまり接触したこと。
>
> which caused …の代わりに causing …とすると意味が変わるので注意のこと。

② 岸壁係留中岸壁（に衝突して）ᶦ そのため（舷梯の圧壊）,ᵈ 右舷中央の（外板の凹損）ᵛ を引き起こした。

While getting alongside wharf, <u>ran against</u>ᶦ the wharf, which caused <u>smashing up gangway ladder</u>ᵈ and <u>dent in shell plating</u>ᵥ on her starboard side amidships.

③ 四番倉右舷側が岸壁の端に接触した。

Touched the wharf end <u>with her No.4 hatch starboard side.</u>₁

> **(注) 1.** 「四番倉右舷側で」の意味。

④ 強い落潮（のため）ᶦ，八号桟橋の外端を（こすった）。ᵈ

<u>Scraped</u>ᵈ the outer end of pier No.8, <u>due to</u>ᶦ strong ebb tide.

⑤ 右舷船首が（岸壁）ᶦ のクレーンの一つ（と接触した）。ᵈ

Her starboard bow <u>came into contact with</u>ᵈ one of the cranes on the <u>quay.</u>ᶦ

> **(注)** 例文③のように came into contact with one of the crane on the quay with her starboard bow. としてもよい。

⑥ 左舷船尾が（係柱）ᶦ と（軽く）ᵈ 接触した。

<u>Slightly</u>ᵈ touched <u>the dolphin</u>ᶦ with her port quarter. （または Her port quarter slightly touched the dolphin.）

⑦ 右舷の灰捨て筒を（もぎ取られ）ᶦ，前部ギャレーわきの外板一枚を（へこまされた）。ᵈ

<u>(Got)</u>ᶦ <u>starboard side ashshoot (carried away)</u> <u>and a plate on starboard</u>

side by forward galley dent.ロ

　　(注)　got（had）＋目的語＋～（過去分詞）＝目的語を～された。

⑧　(そこには)ｲ（大した)ロ損害は起きなかった。

No materialロ damage was caused there.ｲ

⑨　(本船側には)ｲ何も損害を（受けなかった)。ロ

No damage was sustainedロ on our part.ｲ

⑩　水面下の何かと接触した。

Touched some submerged₁ object.₂

　　(注)１．＝水中の，　２．＝物。

⑪　全部のタンクおよびビルジを（検測した)ｲが，（異状はなかった)。ロ

Soundedｲ all tanks and bilges but found no change.ロ

⑫　(船体)ｲ後部に（軽い)ロショックを感じた。

Felt slightロ shock in after part of hull.ｲ

⑬　全タンクやビルジを（点検して)ｲ，A. P. T.への（海水漏入)ロを発見した。

Inspectingｲ all tanks and bilges, found leakage of sea waterロ into A. P. T.

⑭　港内を（徐航していたとき)，ｲ船底後部が何かの（障害物)ロに接触し，軽く（引っかいた)。ハ

While proceeding slowlyｲ in the harbour, after part of ship's bottom touched and slightly scratchedハ some obstacle.

B．他船との接触，衝突

①　門司の日本海運 K. K（の所有で)，ｲ西村健一船長（により指揮される)ロ7000総トンの機船利根丸が，本船左舷船尾に衝突した。

M. S. "Tone Maru" of the gross tonnage 7000, owned byｲ Nihon Kaiun K. K., Moji, commanded byロ Captain K. Nishimura, ran against our port quarter.

　　(注)ｲ．「…により所有される」の意味。

②　機船明徳丸の左舷船首が本船の右舷船尾（に衝突した)。ｲ

The port bow of M. S. "Meitoku Maru" came into collision withｲ our starboard quarter.

③　機船明徳丸の左舷中央部が（本船船首に当たった）^イ。そして大きな損害を本船に引き起こした。

M. S. "Meitoku Maru" <u>struck our bow</u>_イ <u>with her port side amidships,</u> <u>causingi</u>₁ extensive damage to us.

　　（注）イ．struck us on our bow. でもよい。1. and she caused と同じで，
　　　　she は Meitoku Maru のこと。

④　本船右舷船尾が，（本船を追い越そうとしていた）^イ　機船明徳丸によって，（ぶつけられた）^ロ。

Our starboard quarter was struck_ロ by M. S. "Meitoku Maru" <u>which</u> <u>was attempting to overtake us.</u>_イ

　　（注）　overtake＝追い越す。

⑤　そのため（肋骨番号五番と八番の間の）^イ　右舷C外板に（凹損）^ロ（約20cm平方，2cm深さ）を生じた。

It caused <u>dent</u>_ロ (about 20 cm square by 2cm deep) in starboard C shell plating <u>between frames No.5 and 8.</u>_イ

　　（注）　⑤の例文に続ける場合は，It caused …，を，which caused …としてもよい。

⑥　直ちに左舷錨を投下し，陸上（物標）^イ の（方位を測った）^ロ。

Immediately dropped port anchor and <u>took bearings</u>_ロ of land <u>marks.</u>_イ

⑦　船首尾を検測し，本船には（全く浸水していないこと）^イ を（知った）^ロ。

Sounded ship fore and aft and <u>found</u>_ロ her <u>making no water.</u>_イ

⑧　明徳丸と（必要事項について）^イ，（たがいに）^ロ（連絡した）^ハ。

<u>Communicated</u>_ハ <u>each other</u>_ロ with "Meitoku Maru" about <u>necessary</u> <u>matters</u>_イ.

⑨　（同船に航行の危険のないこと）^イを（確認して）^ロ，航海を継続した。

<u>Confirmed</u>_ロ <u>seaworthiness of our ship</u>_イ and continued our voyage.

　　（注）　seaworthiness＝堪航性

5　座　　礁
和　文

0920　鶴見向け航行中，横浜☆240°，2.′2で座礁。

0930　ビルジおよびタンクを検測，異状ない。

1150　＃１，５ハッチ揚荷開始（はしけ取り）。

1400　揚荷中止。

1420　ケッジ・アンカーおよび機関使用により離礁に成功，細心の注意を払いながら続航する。

1030　潜水夫船底調査，＃１ハッチ下の船底板に多少の凹損を発見。

英　文

> 座礁＝*stranding, running aground;* 座礁する＝*run*（strike）*aground, be stranded*（aground），*ground, take the ground, go ashore;* 暗礁に乗揚げる＝*run upon a sunken rock;* 浅瀬に乗揚げる＝*run*（strike）*aground on shoal;* 離礁する＝*get off the rock*（reef），*refloat;* 離礁させる＝*get ship*（her）*off the rock, refloat;* 座礁させる＝*get her run on shore.*

①　（水先人横田健二氏指揮の下に）鶴見（に向け）[イ] 進航中，横浜灯台が240°，2.2′（に見える地点で）[ロ] 浅瀬に座礁した。

While proceeding towards[イ] Tsurumi（in charge of pilot, Mr. K. Yokota），ran aground on shoal, with Yokohama L. H. bearing[ロ] <240>, 2.2′ off.

(注) ロ．付帯状況を表わす独立分詞構文。

②　（落潮に）[イ] 船を回頭している（間に），[ロ] 館山海岸に（乗揚げた）。[ハ]

Grounded[ハ] at Tateyama beach while[ロ] swinging her on ebb tide.

(注) ロ．while＝……している間に

③　ビルジとタンクを測深したが，（異常はなかった）。[イ]

Bilges and tanks（were）sounded and found normal.[イ]

(注) イ．「正常であるのがわかった」の意味。

④　（張潮に）[イ]（自力で）[ロ]（外見上）[ハ]（損傷なく）[ニ]浮上した。

Floated on flood tide[イ] without assistance,[ロ] apparently[ハ] undamaged.[ニ]

(注) ロ．「援助なく」の意味。

⑤　潜水夫に船底を（調べさせて），[イ] 損傷がないことを知った。

Had diver inspect[イ] her bottom and found no damage.

⑥　（肋骨番号12番と15番の間の）ⁱ ビルジ・キールと右舷C外板に，（少し
の屈曲）ᵈ（があるの）を発見した。

Found <u>slight bend</u>ᵈ on bilge keel and starboard C shell plating <u>between
frames Nos. 12 and 15.</u>ⁱ

⑦　船脚を（軽くする）ⁱ ため積荷および燃料の荷揚げを開始した。

Commenced discharging cargo and fuel oil to <u>lighten</u>ⁱ her.

⑧　ケッジ・アンカーを（巻き込みながら），ⁱ エンジンを種々に使って（船
を離礁させた）。ᵈ

<u>Got her off the reef</u>ᵈ by using engine variously, <u>heaving in</u>ⁱ kedge-
anchor.

⑨　（大強風）ⁱ により（船が岩に乗揚げる危険があったので）ᵈ（陸岸に船
を乗揚げた）。ʰ（北緯10°20′，西経150°13′）

<u>Got her beached,</u>ʰ ship being in danger of striking on a rockᵈ with
<u>strong gale.</u>ⁱ（Lat 10°20′ N, Long 150°13′ W）

　　　（注）ロ. as ship was in danger of striking on a rock と同じ意味。

6　浸　水

和文

1600　ビルジ検測により＃2ハッチに浸水を発見。
1610　ビルジ・ポンプで排水開始。
1650　浸水はリベットゆるみによることを発見。
1730　セメント・ボックスにより漏水防止に成功。
0800　浸水はなはだしく，＃2ハッチ下倉の積荷を上甲板にシフト開始。
1000　沈没の危険があり，船形⚓035°2.5′の海岸に任意座礁する。

英文

浸水する＝*make water, leak*; 漏えい＝*leak, leakage*; 漏えい個所＝
leak; 浸水のため自由を失う＝*be water-logged*; 漏えい個所を生ずる＝
spring a leak; 漏えいを止める＝*stop the leak*; 漏えい個所に達する＝*get
at the leak*; 漏えいが増す＝*leak gains*; 防水部署〔につける〕＝*station
for preventing leakage*; 船を放棄する＝*abandon ship*

① 　ビルジ（検測）^{イ} により，（二番倉に浸水しているのを^{ロ} 発見した。

Found No.2 hold making water$_{ロ}$ by sounding$_{イ}$ bilges.

　　(注)　making は found の目的格補語。

② 　船匠が二番倉に 3 m の（漏水）^{イ} があることを報告した。

Carpenter reported 3 meters of leakage$_{イ}$ in No.2 hold.

③ 　全員を防水（部署に付けた）。^{イ}

Stationed$_{イ}$ all hands for preventing leakage.$_{イ}$

　　(注) 1．「防水のために」。

④ 　二番倉に（1時間につき）^{イ}（80cm浸水しているので），^{ロ}（船首を回して大阪に向けた）。^{ハ}

Ship making 80 cm of water$_{ロ}$ per hour$_{イ}$ in No.2 hold, turned her round to head for Osaka.$_{ハ}$

　　(注) ロ．As ship made 80 cm of water と同じ，ハ．to head＝and headed
　　　　　＝そして…に向かった（結果を表わす不定詞）

⑤ 　補助バラスト・ポンプとビルジ・ポンプで（排水）^{イ} を始めた。

Commenced pumping out water$_{イ}$ with donkey ballast pump and bilge pump.

⑥ 　漏えい個所を発見（しようとした）^{イ} が，その原因となるものは（何も発見されなかった）。^{ロ}

Tried to$_{ロ}$ find the leak, but could find nothing$_{ロ}$ to account for$_{イ}$ it.

　　(注) 1．「証明する，…の理由である」の意味。

⑦ 　（漏えい個所）^{イ} を調べるため，二番倉中甲板の貨物を上甲板に（移し始めた）。^{ロ}

Started to transfer$_{ロ}$ cargo in No.2 tween deck to upper deck to examine leak.$_{イ}$

⑧ 　二番倉中甲板右舷載貨門の（締め方が悪く），^{イ}（それが浸水の原因となっている）^{ロ} ことを発見した。

Found that No.2 tween deck starboard cargo port (had been) badly closed,$_{イ}$ which caused the leak.$_{ロ}$

　　(注)イ．「悪く締められていた」の意味。ロ．and it caused the leak と

同じ。

⑨　浸水の原因がリベットのゆるみであることを発見した。

Found the leak <u>being due to</u>₁ some slack rivets.

(注) 1.「…のためであること」の意味。due to＝…のため。

⑩　セメント囲いにより漏えいを止めた（少なくした）。

Stopped (Reduced) the leak with cement box.

⑪　（浸水が1時間に1cm減じたので）,ᶦ 船を回して香港への航海を続けた。

<u>The leak decreasing to 1 cm per hour</u>,ᶦ turned her round and proceeded on voyage to Hongkong.

(注) イ. As the leak decreased to 1 cm…. と同じ。

⑫　（防水）部署を解いた。

Dismissed the station (for preventing leakage).

⑬　（沈没の恐れがあるので）,ᶦ 船形灯台を35°, 2.5′ に望み, 陸岸に（船を乗揚げた）。ᵈ

<u>Her foundering being possible</u>,ᶦ <u>got her beached</u>ᵈ with Funakata L. H. bearing ＜035＞ 2.5′ off.

(注) イ. As her foundering is possible と同じ。foundering＝浸水沈没。
　　　　possible ＝起りうる。

⑭　（船を放棄すること）ᶦ に決定し, 総員に（退船させた）。ᵈ

Decided <u>to abandon ship</u>ᶦ and <u>got all hands to leave her.</u>ᵈ

(注)　got＋目的語＋不定詞（to…）＝目的語に…させた。

7　火　　災

和　文

1030　ギャレー（賄室）より火災発生。

1032　総員を防火部署に付け, 消火作業開始。

1100　鎮火, 部署を開く。

英　文

火災が発生する ＝*fire breaks out, fire occurs* (takes place, starts); 消

火する＝*extinguish fire;* 消火作業＝*fire-extinguishing work;* 火事で焼
ける＝*be burnt down by fire;* 火元＝*the origin of fire;* 火事が消えた＝
fire was put out, fire was put under control; 火事は広がりそうである＝
fire threatens to spread; 火事は下火である＝*fire is spending itself;* 火
事は…から（が原因で）起こった＝…*caused the fire;*

① 五番倉に火災が（発生した）。ᐟ

Fire broke out ᐟ in No.5 hold.

② 全員を防火部署につけた。

Stationed all hands for fire fighting.

③ （火元）ᐟ は五番倉後部右舷側に（つきとめられた）。ᵘ

The origin of the fire ᐟ 〔was〕located ᵘ at starboard side of after part in No.5 hold.

④ （直ちに）ᐟ （注水）ᵘ を開始した。

Immediately ᐟ commenced pouring water. ᵘ

⑤ （消火装置）ᐟ を発動し，（消火に努めた）。ᵘ

Started fire-extinguishing apparatus ᐟ and fought the fire. ᵘ

⑥ 消火した。

The fire（was）extinguished.

The fire（was）put out.

⑦ 火災の（原因）ᐟ および損害の（程度）ᵘ は（まだ）ᐟ（不明）ᐟ である。

The cause ᐟ of the fire and the extent ᵘ of damage are still ᐟ unknown. ᐟ

⑧ 三番倉（から）ᐟ （煙が出るのを）ᵘ 発見した。

Discovered smoke coming ᵘ out of ᐟ No.3 Hold.

⑨ その部分の（甲板の熱から），ᐟ 三番中甲板の前部左舷側が（火災場所）ᵘ
であることをつきとめた。

Located the seat of the fire ᵘ at port side fore part of No.3 tween deck,
by feeling the heat of deck plating ᐟ at that part.

(注) イ.「甲板の熱を感知することによって」

⑩ その場所に蒸気と海水を送り始めた。

Started sending steam and sea water into the space.

⑪　（その船倉）$^□$ を水で（満たした）。^{ア}

Flooded$_ア$ the hold$_□$ with water.

⑫　（注水）^{ア} によって消火するためハッチを開いた。

Opened the hatch to extinguish the fire by <u>pouring of water.</u>$_ア$

⑬　その船倉の右舷中甲板に（積込まれた麻）^{ア} の（幾俵）$^□$ かに（火が出た）。^{ハ}

<u>Some bales</u>$_□$ of <u>hemp stowed</u>$_ア$ in tween deck starboard side of the hold <u>caught fire.</u>$_ハ$

⑭　中甲板のほとんどすべての麻は海水注入により（損害を受けたかも知れない）。^{ア}

Nearly all hemp bales in tween deck <u>might be damaged</u>$_ア$ by pouring sea water.

⑮　船体には（大した損害はない）^{ア}（ように思われた）。$^□$

Hull structure <u>seemed to</u>$_□$ <u>sustain very little damage.</u>$_ア$

⑯　夜間当直を（除き）^{ア} 防火部署を（解いた）。$^□$

<u>Dismissed</u>$_□$ the station for fighting fire <u>except</u>$_ア$ night watchman.

8　荒天損傷

和　文

1300　猛烈な強風と巨浪により船体激しく動揺。
　　　　船首尾甲板に巨浪が打上げ，甲板積みドラム罐がゆるむ。（漁具庫が破壊される）

1303　甲板積み貨物のラッシング増し取り作業開始。（漁具庫補修および漁具流失防止作業開始）

1430　上記作業完了

1650　怒濤激しく甲板に打ち込み，＃2ハッチ左舷前部のウインチを打ちくだく。（船尾甲板の野菜箱を流出する。）

英　文

波が甲板に海水を満たす＝*seas flood deck*; 波が船尾を水びたしにする＝*seas dip stern*; …が洗い去られた＝…(was, were) *washed away*; …が持ち去られた＝…(was, were) *carried away*; …が押しつぶされた

> （こわされた）= …(was, were) *smashed* (broken); …を洗い去られた
> （こわされた）=*got…washed away* (broken); それが原因でつぎのよう
> な損害を生じた=*it caused damage as follows;* 荷がくずれ落ちた（ゆ
> るんだ）=*cargo tumbled down* (slackened, became slack); 甲板がへこ
> んだ（へこまされた）=*deck plate* (was) *indented;* 鋲がゆるんだ=*rivet
> started* (slackened)

① 左舷船尾に（巨浪が打ち上げた）。ィ そしてそのために一号および三号
　 救命艇をつぶされる（損害を生じた）。ロ

Shipped heavy seasィ over port quarter, which₁ causedロ damages of
smashing₂ Nos. 1 and 3 life boats.

　　(注) 1. which = and it（it は前の文）2.「おしつぶすこと」
② 猛烈な強風と（巨浪），ィ 船体は激しく動揺している。そして船首尾甲板
　 に危険な波が打ち上げている。それが原因で船尾楼甲板の（野菜箱）ロ を
　 さらわれ，天窓ガラスを粉砕され，船首楼甲板の通風筒をもぎとられる，
　 という損害を生じた。

Heavy gale and tremendous sea.ィ Ship labouring and tossing₁ heavily
and shipping dangerous seas on fore and aft decks. It caused damages of
carrying away₂ vegetable boxロ on poop deck, smashing skylight glass and
tearing away₃ ventilator on forecastle deck.

　　(注) 1.「動揺している」，2.「もち去ること」，3.「もぎ去ること」
③ 船体は（怒濤のため）ィ 激しく（動揺し，きしんでいる）。ロ 巨浪が（う
　 なりを立てて）ハ 甲板に打ち込み，三番船倉左舷のウインチを（くだきこ
　 わした）。ニ

Ship toiling and strainingロ violently in tumbling sea.ィ Tremendous seas
rushed in a roarロ on deck and crushedニ winch on No.3 hatch port side.

　　(注) ロ.「苦労して歩き，そして激しく働いている」が直訳。
　　　　 イ.「ひっくり返っている海に」が直訳。
④ 五番倉右舷甲板上の5本のドラム罐が巨浪のため（ゆるんだ）。ィ（それ
　 らを固縛するため）ロ 120°に変針し，機関の回転を100に上げた。

Five drums on deck at No.5 hatch starboard side became slackィ by tremendous　seas. A/co to ＜120＞ for securing them口 and put engine revolution up to 100.

⑤　（嵐の間の）ｲ（船体の激動）ﾛ と （連続的な）ﾊ（甲板上の洪（こう）水）ﾆ（のため），ﾎ（積荷）ﾍ の損害が （あるかも知れない）。ﾄ

Some damages to the stowed cargoﾍ might be expectedﾄ due toﾎ violent straining of ship口 and continuousﾊ, flooding of decksﾆ during the storm.ｲ

⑥　甲板積み貨物の（ラッシング増し取り作業）ｲ を開始した。

Commenced applying preventers to lashingsｲ of deck cargo.

(注)ｲ．preventers＝補強索。

⑦　（漁具流失防止）ｲ 作業をした。

Worked for preventing fishing gears from being washed away.ｲ

(注)ｲ．「漁具が流されないようにすること」

9　作業事故

和　文

1020　＃3ハッチで揚荷作業中右舷前部デリックのトッピング・リフト切断のため，同デリックが落下し，デリックの曲損およびブルワークの凹損を生ずる。

1530　揚げ縄作業中，甲板員の小川太郎がライン・ホーラーに巻き込まれ人さし指を切断される。

0930　船橋楼前端隔壁を塗装中，ステージ・ロープが切断，甲板員2名が墜落，重傷を負う。

英　文

　…を破損した＝*broke*…; …が損傷を受けた＝*was* (were) *damaged*; …の程度に＝*such an extent that*…; その結果…となった＝*caused*…; …している間＝*while*…*ing*（現在分詞），*during the*…（名詞・動名詞）; すべり落ちる＝*slip down*; 船倉（はしけ）に落ちた＝*fell into hold* (barge); 海（舷外）に落ちる＝*fall overboard*; あやまって，偶然に＝*accidentally*; 不注意に＝*carelessly*; …の不注意のため＝*through carelessness of*…;

┃ …にその損傷の責任を負わせる＝let…hold (take) *liable for the damage.* ┃

① 二番船倉から（荷揚げ中），ｲ カーゴ・フックの一つが木製手すりに（当たった）。ﾛ そして（それ）ﾊ を約３フィート破損した。

While discharging cargo_ｲ from No.2 hatch, one of cargo hooks caught_ﾛ on wooden hand rail, breaking it about 3 feet.

　(注)ロ.「引っ掛かった」；1. and it broke　と同じ意味

② （積荷作業中），ｲ（ステベ側の過失により），ﾛ 三番船倉右舷側（真横の）ﾊ 木製手すり（の一部）ﾆ（材質チーク，長さ約11フィート６インチ）および（その支柱）ﾎ が破損された。

Part of_ﾆ wooden hand rail (material teak, length about 11′—6″), and its stanchion_ﾎ abreast_ﾊ of No.3 hatch starboard side, were broken through the fault of the stevedore's hand_ﾛ during loading operation._ｲ

　(注)ハ.「並んで」の意味。

③ 三番船倉から揚荷中に，キセル形通風筒一個が，（すずのスラブを積んである）ｲ（一巻きの荷）ﾛ の（振れ打撃）ﾊ によって，（全く使えなくなる程度に）ﾆ 損傷を受けた。

While discharging cargo from No.3 hatch, one cowl head ventilator was damaged to such an extent that it became completely useless,_ﾆ by a swing blow_ﾊ of one sling load_ﾛ of slab tins._ｲ

　(注)ニ. become useless ＝使えなくなる，completely ＝全く

④ ステベのランチ千葉丸が（本船に着舷する間に）ｲ 本船舷梯に強く当たり，（主心材）ﾛ に大きな（き裂）ﾊ を与えた。

While coming alongside (of) our ship,_ｲ the stevedore's launch "Chiba maru" knocked heavily our accommodation ladder, causing a big crack_ﾊ to the mainpiece._ﾛ

⑤ 甲板員が一番船倉のハッチカバーを取っているとき，ハッチビームの一つが下倉に落ち，（敷き板をつらぬき），ｲ タンク頂板を（約３インチ平方で1/2インチの深さに）ﾛ（へこませた）。ﾊ

While hands taking off hatch cover at No.1 hatch, one of shifting beams dropped into lower hold and dented_ﾊ tank top plate about 3 inches square by 1/2 inch deep,ロ penetrating bottom board.イ

⑥　甲板員が四番倉で（積荷役のため用具を準備をしている）イ とき，トッ
ピングリフト・ワイヤーが（不注意に放たれた）。ロ そしてその結果デリッ
クが甲板に落ちて（二つにこわれた）。ハ

While hands <u>were getting cargo gear ready for loading</u>イ at No.4 hatch, a
topping lift wire was <u>carelessly let go,</u>ロ <u>with the result that</u>₁ port derrick
boom fell down on deck and <u>was broken in two</u>.

　(注) 1. その結果…（that 以下）になった。

⑦　ウインチマンの（誤った操作のための）イ（不当な張力により），ロ デリッ
クのガイが切断したので，三番倉左舷のデリックが（右舷に振れて），ハ
（マストとひどくぶつかり），ニ ぽきりと折れた。

<u>The derrick guy parting</u>₁ <u>under undue strain</u>ロ <u>owing to the</u>
<u>mishandling</u>イ of winchman, the derrick boom at No.3 hatch port side
<u>swung to starboard</u>ハ, and <u>came in violent contact with mast</u>ニ and was
snapped off.

　(注) 1. As the derrick guy parted…, と同じ。

⑧　積荷作業中，綿一箱がステベの（不注意のため）イ（スリングから船外
にすべり落ちた）。ロ ただちにそれを拾い上げたが，海水による（ぬれ損）ハ
のため（陸へ送り返した）。ニ

During loading operation, one case of cotton goods <u>slipped overboard</u>
<u>out of sling</u>ロ <u>due to the carelessness</u>イ of stevedores.

Piked it up at once but <u>sent it back ashore</u>ニ owing to <u>wet damage</u>ハ, by
sea water.

⑨　甲板員の小川が三番倉下倉で（左足を骨折したので）イ ただちに陸へ
送った。

Ogawa, sailor, <u>his left leg being fractured</u>イ at No.3 lower hold, was sent
ashore at once.

　(注) イ. As his leg was fractured と同じ。

⑩　甲板員の小川は，（ハッチカバー開放に従事しているとき），イ 中甲板か
ら四番倉下倉に（あやまって）落ちた。

Sailor, Ogawa, accidentally□ fell into No.4 lower hold from tween deck, underline{while engaged in opening hatch cover.}ｲ

⑪ 一番倉で揚荷に従事していた一人の人夫が，ワッチマンとして（当直中であった）ｲ 本船甲板員小川を手かぎで（傷つけた）。□

A laborer engaged in discharging cargo at No.1 hatch, wounded□ with hand hook, our sailor, Ogawa, underline{who was on duty}ｲ as watchman.

⑫ （揚げ縄中），ｲ 甲板員の小川太郎が（ライン・ホーラーに巻き込まれて），□ （人さし指を切断された）。ﾊ

underline{While taking in long lines,}ｲ T. Ogawa, sailor, underline{got his forefinger cut off,}ﾊ being caught in line hauler.□

⑬ 投網中，実習生の小川太郎が網に（足をさらわれて）ｲ （海中に落ちた）。□

While setting net, T. Ogawa, apprentice officer, underline{got his leg tripped up}ｲ by net and was thrown overboard.□

10 人命救助

和　文

0800　北緯29°31′，東経137°26′の船から無線遭難信号を受信。

0910　325°に変針，同船救助に向かう。

1000　海上保安庁巡視船が同船の近くを救助に向かっていることを知り，救助を同船に託す。263°に変針，続航。

1625　同船（遭難船または衝突の相手船）に接近，乗組員救出作業開始。

1800　同船全乗組員ならびに重要物件の救出完了。

英　文

人命救助＝*rescue of life,* 救助する＝*rescue, save, relieve;* 救助作業＝*rescue work;* 海難救助（船）＝*salvage* (boat)；（海難から）救助する＝*salvage;* 遭難信号＝*distress signal, signal of distress;* 遭難通報＝*distress message;* 遭難船＝*distressed ship, ship in distress;* 遭難している＝*be in distress;* 他船の救助を求める＝*require rescue from other ship;* 信号をかかげる＝*display signal;* 元の針路に復す＝*resume course;* 航海を再開（継続）した＝*resumed voyage*

① 北緯29° 31′，東経137° 26′の船から（無線遭難信号）^イを受信した。

Received <u>the radio distress signal</u>ィ from a ship in Lat. 29° 31′, Long. 137° 26′ E.

② （本船から130°，距離約30′に）^イ ロケットによる遭難信号を発見した。

Observed a distress (signal by) rocket <u>bearing ＜130＞, distance about 30′ from us.</u>ィ

③ 325°に変針し，（同船）（救助に向かった）。^イ

Altered her course to ＜325＞ and <u>proceeded to the assistance of the ship.</u>ィ

④ 遭難船の近くの他の船から（本船は救助にくる必要がない）^イ 旨通報を受けたので，本船は（元の針路に復した）.^ロ

As another ship nearer to the distressed ship informed (us) <u>that we had no need to come to her assistance,</u>ィ <u>resumed our course.</u>ロ

⑤ （救命艇を下ろす用意のため），^イ 総員を甲板に呼んだ。

Called all hands on deck <u>to stand by lifeboat for lowering.</u>ィ

　　（注）イ．in order to get lifeboat ready for loweringと同じ。

⑥ （同船に接近して）^イ 乗組員の救助作業を開始した。

<u>Approaching the ship,</u>ィ commenced rescue work for the crew.

　　（注）イ．（We) approached the said ship and と同じ。

⑦ 同船の全乗組員ならびに（重要物件）^イ の（救出）^ロ を完了し，航海を続けた。

Completed <u>saving and carrying out</u>ロ all crew and <u>important articles (matters)</u>ィ and resumed our voyage.

⑧ 一人の漁夫が（本船の正船首を）^イ 泳いで，本船の助けを（求めている）^ロ のを発見した。

Observed a fisherman swimming <u>right ahead</u>ィ <u>and calling</u>ロ for our help.

⑨ （救命索付きの救命ブイにより），^イ 無事彼をデッキの上に引き上げることに（成功した）^ロ

<u>Succeeded</u>ロ in picking him up on deck safely <u>with a life line and buoy.</u>ィ

⑩ その漁夫を（水上警察）^イ に（引き渡した）。^ロ

<u>Handed over</u>ロ the fisherman to <u>the water-police.</u>ィ

5.7 一般事項

　ここでは停泊中でも航海中でも，船内で起こり得る事柄について述べることにする。

1 休日，儀式ならびに船飾

記入すべき事項

① その日が何の日であるか

② 休業したということ

③ 船飾の実施

④ 儀式の実施

⑤ その他

和 文

　0800　天皇誕生日につき休業，満船飾実施。

　0900　新年祝賀式（実施）。

　0900　文化の日の儀式を行う。

　0900　赤道祭のため休業。

英 文

　休業した＝*kept holiday, no work aboard*; 船飾をした＝*dressed ship*; 満船飾をした＝*dressed ship in full, decorated ship in full dress*; 儀式を行った，儀式が行われた＝*salutation ceremony was held*; 赤道祭を行った＝*Neptune's revel was held*; *enjoyed Neptune's revel*; …を祝って＝*in honor of*…; …を記念して＝*in memory of*…; 祝う，式をあげる＝*celebrate*; 挙式，祭典，祝賀＝*celebration*; 儀式，礼式＝*ceremony*; 元日＝*New year's Day*; 成人の日＝*Coming-of Age Day, Adult's Day*; 建国記念の日＝*Japan-National Founding Day*; 天皇誕生日＝*Emperor's Birthday*; 春分の日＝*Vernal Equinox Day*; 昭和の日＝*Showa No Hi*; みどりの日＝*Greenery Day*; 憲法記念日＝*Constitution Memorial Day*; こどもの日＝*Children's Day*; 海の日＝*Marine Day*; 山の日＝*Mountain*

> *Day;* 敬老の日 = *Old folks Day;* 秋分の日 = *Autumnal Equinox Day;* ス
> ポーツの日 = *Sports Day;* 文化の日 = *Culture Day;* 勤労感謝の日 =
> *Labor Thanksgiving Day.*

　　(注)　外国の休祭日については巻末付録を参照のこと。

①　（日曜日なので）ｲ 本日休業。

　　<u>Being Sunday,</u>ｲ no work today.

②　天皇誕生日を（祝って）ｲ（満船飾をした。）ﾛ

　　<u>Dressd ship in full</u>ﾛ in honour（celebration）ofｲ the Emperor's Birth
Day.

③　憲法記念日のため，船飾を行った。

　　Dressed ship for Constitution Memorial Day.

④　総員を甲板に集め，新年を祝った。

　　Mustered all hands on deck and celebrated New Year's Day.

⑤　元旦につき，（儀式）ｲ を行った。

　　Being New Year's Day, <u>celebration ceremony</u>ｲ（was）held.

⑥　（赤道通過のため）ｲ 甲板員は休日を楽しんだ。

　　Hands enjoyed holiday <u>for passing the line.</u>ｲ

⑦　総員（子午線通過日）を楽しんだ。

　　All hands enjoyed <u>Meridian Day.</u>ｲ

2　病気および死亡

記入すべき事項

①　重病人あるいは伝染病患者ならびに死亡者の氏名

②　職名病名または死因

③　処置

④　その他

和　文

　　1000　司厨員佐藤一夫，チフス患者と判明，病室に隔離。

　　0900　甲板員加藤三夫，盲腸炎となる。

　　0930　盲腸患者入院のため160°に変針，マニラに向かう。

1300 機関員斉藤次郎心臓病で死亡。

0600 故斉藤次郎を北緯30°—20′, 東経150°—10′で水葬, 死をいたんで
半旗とする。

英 文

> A氏の病気が〜（病名）と判明した＝*Found the disease of Mr, A*〜;
> 〜（病名）にかかった＝*had*〜, *caught*〜; 〜（病名）で死んだ＝*died of*
> 〜; 水葬にした＝*buried at sea; committed the body to the deep;* 〜の死を
> いたんで＝*in condolence on the death of* 〜（遺族に対する場合）, *in*
> *mourning for the death of* 〜; 通夜をした＝*held a wake; woke; kept*
> *vigil;* 半旗をかかげた＝*hoisted* (displayed, hung) *flag at half-mast.* （旗
> 竿の場合）, *hoisted flag at the dip.* （信号旗の場合）

（注）　伝染病名については, 5.1の「8　税関, 検疫ならびに移民検
査」を参照。

① 司厨員佐藤一夫の（病気）ｲ が（チフス）ﾛ と判明し,（患者）ﾊ を船の
病室に（隔離した）。ﾆ

Found the disease_ｲ of steward, K. Sato, typhus_ﾛ and isolated_ﾆ the patient_ﾊ
into ship's hospital.

② 甲板員加藤三夫が（盲腸炎になった。）ｲ

M. Kato, sailor, had appendicitis._ｲ

③ 上記患者を陸の病院に送る（ため）ｲ 160°に変針してマニラに向かった。

Altered course to ＜160＞ and proceeded to Manila, for purpose of_ﾛ
sending the above patient to shore hospital.

④ 機関員斉藤次郎が（心臓病）ﾛ（で死亡した。）ｲ

J. Saito, fireman, died of_ｲ heart failure._ﾛ

⑤ 機関を停止し,（死体）ｲ を北緯20°—30′, 東経130°—50′の海上で（水
葬に付した。）ﾛ なお（その間,）ﾊ（一長声）ﾆ を吹鳴した。

Stopped engine and buried_ﾛ the corpse_ｲ at sea in lat. 20°—30′ N, long,
130°—50′ E, blowing a long blast_ﾆ meanwhile._ﾊ

⑥ （彼の死をいたんで,）ｲ 半旗をかかげた。

Hoisted flag at half-mast in mourning for his death._ｲ

⑦　（検屍官）^イ 乗船し，検屍した。

Coroner_イ boarded and examined the body.

3　船内点検ならびに巡検

記入すべき事項

①　点検または巡検の時刻

②　点検の種類，（船長点検，一航点検など）

③　点検または巡検の結果（異状の有無）

　　　　（注）　停泊中は午後8時または12時に，また航海中は当直交替時（夜間のみに限ることもある）に巡検するのが普通である。

和　文

　　1000　　船長船内点検。

　　　　　　一航倉庫点検。

　　1005　　密航者を発見，予備室に監禁。

　　0400　　船内巡検，異状がない。

英　文

> 点検する＝*inspect;* 点検＝*inspection;* 巡検する＝*make rounds, go the rounds;* 巡検＝*rounds,* 異状がない＝*all is well;* 異状がないことがわかった＝*found O.K; found all well;* 密航者＝*stowaway;* 禁制品，密輸品＝*contraband goods;* 密輸品＝*smuggled goods;* サーチ（そう索）する＝*search.*

①　船長点検が行われた。

Commander's inspection（was）held.

②　船長が船内点検をした。

Commander inspected all over the ship.

③　一航が倉庫を点検した。異状がなかった。

Chief officer inspected stores and found OK.

④　一人の（密航者）^イ を甲板長倉庫内に発見し，一等航海士は密航者を（取調べた）。^ロ

Found a stowaway_イ in boatswain's store and chief officer examined_ロ him.

⑤ 一人の密航者を〔米倉庫内で〕発見し，これを（本社)^イ に（無線で)^ロ 報告した。

Found a stowaway (in rice store) and reported this to head-office_イ by radio._ロ

⑥ 密航者および（密輸品)^イ の探索（サーチ）が（一航士によりなされた)^ロ が，何も発見されなかった。

Search for stowaways and contraband goods_イ carried out by chief officer_ロ and nothing found.

⑦ 船内巡検し異状がなかった。

Rounds made, all well.

⑧ （規則の灯火)^イ が厳重に注意された。

Rogulation lights_イ strictly attended to.

⑨ 規則の灯火はよく輝いている。

Regulation light burning well brightly.

4　通風および船倉管理

記入すべき事項

① 倉内の通風，検温，ガス検出などを行った時刻およびその事実
② カーゴ・ケヤーの作動，開始・終了の時刻
③ ビルジの異状ならびにその排出，出港前のビルジ・ポンプのテスト

和　文

0800　＃1，2，3，4ハッチ開放・通風。
1600　＃1，2，3，4ハッチ閉鎖。
0800　＃2ハッチ，ガス検出を行う。異状ない。
1000　全ハッチ，カーゴ・ケヤー作動開始。
1300　全ハッチ，カーゴ・ケヤー作動中止。

英　文

通風筒を風下（上）に回す＝*turn ventilator from* (to) *the wind*; 通風

筒を（風向きにより）調整する = *trim ventilator;* 通風，換気する =
ventilate; カーゴ・ケヤーを運転する = *work cargo-care;* ガス検出をす
る = *test gas; conduct* (carry out) *gas detection;* 検温をする = *take
temperature;* ビルジが異常に増大した = *bilge increased abnormally*

① 通風のため全ハッチの前後端ハッチボードを開いた。

Opened fore and aft end hatch-boards of all hatchees for ventilation.

② 全ハッチを閉鎖し，バッテンダウンをした。

Closed and battened down all hatches.

③ 四，五番ハッチの機械通風を開始した。

Started mechanical ventilation in Nos.4 and 5 hatches.

④ （本日の）ィ 機械通風を止めた。

Stopped mechanical ventilation <u>for the day.</u>ィ

⑤ 二，三番ハッチのカーゴ・ケヤーの（運転）ィ を始めた。

Started <u>working</u>ィ of cargo-care in Nos.2 & 3 hatchs.

⑥ カーゴ・ケヤーの運転を止めた。

Stopped working of cargo-care.

⑦ 五番ハッチの（ガス検出を行った）ィ が，異状がなかった。

Carried out gas detectionィ (Tested gas)ィ in No.5 hatch and found well.

⑧ 二番ハッチのビルジが増しているのを発見し，（注意深く）ィ その（原
因）ロを調べた。ビルジを排出した。

Found bilge in No.2 hach increasing and examined its <u>cause</u>ロ <u>carefully.</u>ィ
Pumped out bilge.

⑨ ビルジ・ポンプをテストしたが，異状がなかった。

Tested bilge pump and found OK.

5　海難報告

記入すべき事項

① 海難報告をした時刻（概略）およびその事実

② 海難報告の対象または理由

和　文

0900　航海中の荒天につき，海難報告をする。

0900　ドックで発見した事故につき，海難報告をする。

英　文

> …につき海難報告をする =*note protest against*…; 海難 = (*sea*) *casualty; marine disaster;* 事故(出来事) = *accident;* 航海中 = *at sea, on the voyage;* ～から…への途中 = *enroute from ～ to*…; (地方)運輸局 = *district transport bureau;* 公証人役場 = *the office of notary public;* 領事館 = *consulate;* 総領事館 = *consulate-general;* 大使館 = *embassy;*

① （門司から香港への途中における荒天につき），⌐ 在シンガポール，日本領事に（海難報告をした）。⌐

Noted protest⌐ before Japanese consul at Singapore against the heavy weather enroute from Moji to Hongkong.⌐

② （機船水戸丸との衝突）⌐ につき関東運輸局千葉運輸支局長に海難報告をした。

Noted protest before Chief of Chiba District Transport Branch of Kanto District Transport Bureau against the collision with M. S "Mito Maru."⌐

③ 三菱ドックで（発見された外板およびプロペラの損傷）⌐ につき，中国運輸局長に海難報告をした。

Noted protest before Chief of Chugoku District Transport Bereau against the damage to shell plating and propeller found⌐ in Mitsubishi Dock.

④ Y港入口における（触底）⌐ について海難報告をした。

Noted protest against the bottom touch⌐ at the entrance of Y harbour.

⑤ 神戸でY丸と接触したことについて…。

…against the contact with Y Maru at Kobe.

⑥ 大阪で岸壁と軽く接触したことによる船尾の損傷について…。

…against the damage to her stern by slightly touching pier at Osaka.

⑦ 神戸からハワイへの途中，感じた衝撃について…。

…against the shock felt enroute from Kobe to Hawaii.

6　脱船，出産

記入すべき事項

① 　脱船者のあることを知った時刻およびその事実

② 　脱船者の氏名，職名

③ 　出産の時刻，（日本人ならば日本時間の日時も付記）およびその事実

④ 　母親の氏名および船客等級

⑤ 　出産時の船位

和　文

　　0600　甲板員前島二郎の脱船を知る。

　　1400　二等船客中田明子　緯度20°—15′N，経度150°—20′Eで男子を出
　　　　　産。

英　文

① 　甲板員前野二郎の（脱船）¹ を知った。

　Found J. Maeno, sailor, <u>deserted from ship.</u>¹

② 　機関員福田武が（夜の当直中）¹ 逃げた。

　T. Fukuda, fireman, escaped <u>during his night watch.</u>¹

③ 　操機手川上一夫が上陸して（出帆までに）¹ （帰船しなかった）。ロ

　K. Kawakami, oiler, went ashore and failed to <u>return</u>ロ <u>untill ship sailed.</u>¹

④ 　中田明子（中田正雄夫人，二等船客）が北緯20°—10′，東経150°—20′
　で（男子）¹ を（出産した）。ロ（日本標準時2022年10月8日　1010）

　Akiko Nakada（Mrs. Masao Nakada, second class passenger）<u>gave birth
to</u>ロ <u>a baby boy</u>¹ in lat. 20°—00′N, long. 150°—20′E. （J. S. T. 1010 8th Oct.
2022）.

航海日誌の書き方がしっかりと学べましたね。

コラム3　「海事英語」のボキャブラリーは難しい？

　海事英語と聞くと,「専門用語だらけで難しいのでは？」と思う方もいらっしゃるかもしれません。しかし,必ずしも専門用語が難しいわけではなく,また,海運業界では一般的な場面で見かける語もたくさん使われます。

　例えば,主に海事系国際条約の英文が出題される「二級海技士試験（航海）」の過去問を調べると,調査した過去問英文に含まれる語の約20％は中学校英語レベルでした（水島,2023b）。また,『IMO 標準海事通信用語集』（コラム2を参照）において出現頻度の点で専門性が高い語（350語）を調べると,約半数は高校の英語授業,またはそれ以前に学習する語でした（水島,2021）。このうち特に専門性の高い50語で構成された語彙テストをある船員養成機関の学生らが解答したところ,各語に対する平均正答者数は解答者全体の約75％でした（水島,2023a）。船員養成機関の学生にとって,見慣れた専門用語はむしろ簡単なようです。

　一見専門性の高そうな海事法規や海事通信において,中学校や高校で学習する基本的かつ一般的な語が多数含まれている点は興味深いです。この点を知っておくだけでも,海事英語を学ぶうえでの心理的なハードルが下がるのではないでしょうか。一方,覚えづらい用語,間違えやすい用語も海事英語を学ぶ中で時々出てきます。中学校や高校で学んだ知識を活かして海事英語の基礎を学び,徐々に難しい部分にも挑戦していってください（海事英語を学ぶための書籍や辞典はコラム2を参照）。

【参考文献】
堀晶彦・田中賢司・杉田和巳・水島祐人（共訳）（2023）.『新版　英和対訳　IMO標準海事通信用語集【2023年版】』成山堂書店.
水島祐人（2021）.「海事英語語彙表の開発―『IMO 標準海事通信用語集』と Spoken BNC 2014 の語彙比較から―」『中国地区英語教育学会誌』, 51, 37-49.
水島祐人（2023a）.「海事英語語彙表における語の適切な配列―船員教育機関学生にとっての難易度を踏まえて―」『中国地区英語教育学会誌』, 53, 27-38.
水島祐人（2023b）.「二級海技試験単語リストの開発―二級海技試験英文の読解と和訳に必要な海事英語語彙―」『教育学研究ジャーナル』, 28, 1-10.

〔付　録〕

付録1　航海日誌略語集

〔A〕

A	Aft	船尾に，後方に
ab'm	abeam	並航する，並ぶ
A/C（A/C，A/Co.）	alter course	変針する
A/C paint	anticorrosive paint	錆止め塗料
A/F paint	antifouling paint	防汚塗料
aft.	after	うしろに
ah'd	ahead	前方に
A. M.（am）	Ante Meridiem	午前
A/O	Apprentice officer	見習（士官），実習生
A. P.	After peak	船尾（アフター・ピーク）
App.	Apprentice	見習
Approx.	Approximate	約，概位
A. P. T.	After peak tank	船尾（水）倉
Arch.	Archipelago	群島
arr.	arrival	到着の
Asst.	Assistant	助手
ast.	astern	後方に，船尾に
A. T.	Apparent time	視時
Av.	average	平均（の），海損
⚓	Anchor	錨（いかり）
⚓ ed	anchored	投錨した
&	and	…と，そして

〔B〕

B	Bay	湾
b	fine (blue sky)	快晴
Baro.	Barometer	晴面計
bc	fine cloudy	半晴
B'g	Bearing	方位
B. H. (B/H)	Bill of Health	健全証書
B^k	Bank	洲，瀬，バンク（堆）
B^n	Beacon	立標，信号所
Br'ze	Breeze	軽風，微風，風が吹く
B. W.	Breakwater	防波堤，波除け（船首楼甲板上）
B. W. E.	Breakwater entrance	防波堤入口
B'y	Buoy	浮標
B'y L't	Buoy light	灯浮標の灯

〔C〕

C.	Cable	ケーブル，錨鎖，鍵（1/10浬）
C	Cape	岬
	Centigrade	摂氏
	Compass	羅針儀
c	cloudy	曇
Capt.	Captain	船長
C. Co.	Compass Course	羅針路
C/E	Chief engineer	機関長
Cert.	Certificate	免状，証明書
C. G.	Coast Guard	沿岸警備隊
cm	centimetre	糎（センチメートル）
C/O	Chief officer	一等航海士
Co.	Company	会社

	Course	針路，航路
Com^{ced} (Com'ced)	Commenced	開始した
Com^{der}	Commander	船長，指揮官
C/S	Chief steward	司厨長
C. S. T.	Central Standard Time	中央標準時
cub.	cubic	立方

〔D〕

d	day	日
	drizzling rain	霧雨
dev.	deviation	自差
d'k	deck	甲板，デッキ
dist.	distance	距離，航程
do.	ditto	上と同じ
D. R.	Dead reckoning	推測（の），推測航法
Dr.	Doctor	船医，医師
D. T.	Deep tank	深水倉
D. W. T	Dead Weight Tonnage	載貨重量トン数

〔E〕

E	East	東
E. D.	Existence doubtfull	存在疑わしい
E. ly	Easterly	東の
Eng.	Engine	機関
Eng. R^m	Engine room	機関室
E'r	Error	誤差，誤り
ETA	Estimated time of arrival	入港予定時刻
etc.	et cetera	など，その他
ETD	Estimated time of departure	出港予定時刻
ev.	every	毎

〔**F**〕

F.	Fahrenheit	華氏
	Fore	船首, 前部
	Full	全速
f	for (foggy w^r)	霧
F & A	Fore and Aft	船首尾
F'castle	Forecastle	船首楼
F/H (F. ah'd)	Full ahead	前進全速
fms	fathoms	尋（ヒロ）
F. O.	Fuel Oil	燃料油
F. P. T.	Fore peak tank	船首水倉
F/S (F. ast.)	Full astern	後進全速
Ft.	Foot (Feet)	呎（フィート）
F/W eng.	Finished with engine	機関終了
Fwd.	Forward	前方［に］
1/E	First engineer	一等機関士
1/O	First officer	一等航海士

〔**G**〕

G. M. T.	Greenwich mean time	グリニッジ平時
gr.	gramme	瓦（グラム）

〔**H**〕

H.	Half	半速
	Hour	時間
h	hail	雹（ひょう）
H/A (H. ah'd)	Half ahead	前進半速
H^d	Head	ヘッド, がけの先端, 岬
H. P.	Horse power	馬力
H^r	Harbour	港

H^r pilot	Habour pilot	港湾水先人
Hrs.	Hours	時間
H/S（H. ast.）	Half astern	後進半速
H. W.	High water	高潮

〔**I**〕

I^d	Island	島

〔**J**〕

Jr.	Junior	次席

〔**K**〕

km.	kilometre	粁（キロメータ）
Kts.	Knots	節（ノット）

〔**L**〕

l	lightning	雷光
Lat.	Latitude	緯度
L. H.（L't Ho）	Lighthouse	灯台
L. H.	Lower hold	下倉
L. M. T.	Local mean time	地方平時
Long.	Longitude	経度
L't（Lt）	Light	灯火（夜間の灯台）
L't B^n	Light Beacon	灯標
L't B'y	Light Buoy	灯浮標
L. W.	Low water	低潮，干潮
	Leeway	風圧差

〔**M**〕

M	Meter	米（メータ）
	Minute	分

	Mile	浬
M.	Mud	泥
m	mist	靄（もや）
M. Co.	Magnetic course	磁針路
M^i	Misaki	岬
M. N.	Midnight	夜の12時，真夜中
mod.	moderate	適度の，穏和な
M. S.	Motor ship	機船，内燃機船
m. p. h.	miles per hour	1時間の航走浬数
M. T.	Mean time	平時
M^t	Mountain	山
M.V.（M/V）	Motor vessel	発動機船，機船

〔N〕

N. B.（n. b.）	Nota bene（=Note well）	注意せよ
N. K.	Japanese Marine Corporation	日本海事協会
N'ly	Notherly	北の
NO.（No，#）	Number	番号，数
N. Y.	New York	ニュー・ヨーク

〔O〕

O.	Officer	航海士
o（o'cast）	overcast	本曇り，全曇り
Obs^d	Observed	観測した

〔P〕

p	passing shower	しゅう雨
Pass.	Passage	水路，航路，航海
P'd（P^d）	Passed	通過した
Pen^{la}	Peninsular	半島

P^k	Peak	峯，山頂
P. log	Patent log	曳航測程器
P. M.（p.m.）	Post meridiem	午後
P^o	Pulo	島
Pos^n	Position	位置
P^t	Point	ポイント，突端，岬

〔**Q**〕

Q	Quarantine	検疫
q	squall	スコール
Q' Master（Q. M.）	Quartermaster	操舵員
Q' Station	Quarantine station	検疫所

〔**R**〕

R	River	河
r	rain	雨
Rec'd	Received	受け取った
Recom^d	Recommenced	再開した
Rev.	Revolution	回転数
R^k	Rock	岩
R. P. M.（r.p.m.）	Revolution per minute	毎分回転数
R/up eng.	Rang up engine	機関宜し

〔**S**〕

S.	Set	定める
	Slow	微速
s	snow	雪
S^a	Sima	島
S. A. T.	Ship's apparent time	地方視時，船内真時
S/B	Stand by	用意，スタンバイ
S/C	Set（Shaped）course	定針した

sec.	second	秒
S/H (S. ah'd)	Slow ahead	前進微速
S^i	Saki	崎
Sig.	Signal	信号
S'ly	Southerly	南の
S. O. S.	Stop Other Service	エス・オー・エス，遭難信号
Sp'd	Speed	速力
sq.	square	平方
Sr	Senior	首席
S/S (S. ast.)	Slow astern	後進微速
S. S.	Steam ship	汽船
S. T.	Standard time	標準時
Starb^d	Starboard	右舷
Stop^d	Stopped	停止した
Str.	Steamer	汽船
	Strait	海峡
2/E	Second engineer	二等機関士
2/O	Second (2nd) officer	二等航海士

〔**T**〕

T	Ton	トン
t	thunder	雷
T. Co.	True course	真針路
T. D.	Tween deck	中甲板
temp.	temperature	温度
Temp^y	Temporarily	仮設
Tg.	Tanjong	岬
3/E	Third engineer	三等機関士
3/O	Third (3rd) officer	三等航海士

〔**U**〕

| u | ugly weather | 危険な天候 |

〔**V**〕

v.	very	非常に
var.	variation	偏差
var.	various	種々の，いろいろの
	var. Cos.	針路不定
	var. jobs	いろいろな仕事
var'ly	variously	種々に

〔**W**〕

w	dew	露
W'ly	Westerly	西の
W/O	Wirelss operator	通信士
W^r	Weather	天候
w/	with	伴う

〔**Y**〕

| yd. | yard | ヤード |

付録2　天 気 記 号

天　　　　　　　候		記　号
快　　晴	fine, blue sky	b
半　　晴	fine cloudy	bc
曇	cloudy	c
本　　曇	overcast	o
霧　　雨	drizzling rain	d
霧	fog	f
ひ　ょ　う	hail	h
雷　　光	lightning	l
も　　や	mist	m
し　ゅ　う　雨	passing shower	p
ス　コ　ー　ル	squall	q
雨	rain	r
雪	snow	s
雷	thunder	t
険悪な天候	ugly weather	u
露	dew	w

付録3　ビューフォート風力階級

風力階級	名　　称	風　速 (メートル／秒)	海 面 の 状 態
0	静　穏 calm	0.0〜 0.5	海面は鏡のよう
1	至　軽　風 light air	0.6〜 1.7	魚のうろこのようなさざなみが見られる
2	軽　　風 light breeze	1.8〜 3.3	海面一帯に細波が見られる。波頭はくだけない
3	軟　　風 gentle breeze	3.4〜 5.2	波頭がくだけ始める。ときに白波がところどころできる
4	和　　風 moderate breeze	5.3〜 7.4	波は高くならないが，白波が多くなる
5	疾　　風 fresh breeze	7.5〜 9.8	白波がたくさん見え，波ははっきりしたうねりになる
6	雄　　風 strong breeze	9.9〜12.4	大波が現れ始める。泡立った波頭が見え，しぶきがある
7	強　　風 high wind	12.5〜15.2	波頭がくだけ白い泡となり，風下に吹き流され始める
8	疾　強　風 gale	15.3〜18.2	しぶきがうずまきになって，波頭の上部の上端から分離する
9	大　強　風 strong gale	18.3〜21.5	さらに高い大波となる。海はうなり出す
10	全　強　風 whole gale	21.6〜25.1	海面全体白く見え，海のうなりが強くなる。視程が悪くなる
11	暴　　風 storm	25.2〜29.0	いたるところで波頭はしぶきになり吹きとばされる。視程ますます悪い
12	激　　風 hurricane	29.1 以上	海上は泡としぶきにとざされてしまう。視程いちじるしく悪い

付録 4　気象庁風力階級表（昭和31年 1 月改正）

風　力	風速（メートル／秒）
0	0. 0～ 0. 2
1	0. 3～ 1. 5
2	1. 6～ 3. 3
3	3. 4～ 5. 4
4	5. 5～ 7. 9
5	8. 0～10. 7
6	10. 8～13. 8
7	13. 9～17. 1
8	17. 2～20. 7
9	20. 8～24. 4
10	24. 5～28. 4
11	28. 5～32. 6
12	32. 7～36. 9
13	37. 0～41. 4
14	41. 5～46. 7
15	46. 8～51. 1
16	51. 2～55. 8
17	55. 9～60. 9

付録5　気象庁の風浪階級（昭和37年9月改正）

風浪 階級	英　　　名	波　の　状　態	波高（m）
0	calm（glassy）	鏡のようになめらかである	0
1	calm（rippled）	さざ波がある	$0 \sim \frac{1}{10}$
2	smooth（wavelets）	なめらか，小波がある	$\frac{1}{10} \sim \frac{1}{2}$
3	slight	やや波がある	$\frac{1}{2} \sim 1\frac{1}{4}$
4	moderate	かなり波がある	$1\frac{1}{4} \sim 2\frac{1}{2}$
5	rough	波がやや高い	$2\frac{1}{2} \sim 4$
6	very rough	波がかなり高い	$4 \sim 6$
7	high	相当荒れている	$6 \sim 9$
8	very high	非常に荒れている	$9 \sim 14$
9	phenomenal	異状な状態	14以上

付録6　気象庁のうねり階級（昭和37年9月改正）

うねり 階級	英　　　名	う　ね　り　の　状　態
0	no swell	うねりがない

1	low swell, short or average length	短くまたは中ぐらいの	弱いうねり（波高2m未満）
2	low swell, long	長く	
3	moderate swell, short	短く	やや高いうねり（波高2〜4m）
4	moderate swell, average length	中ぐらいの	
5	moderate swell, long	長く	
6	heavy swell, short	短く	高いうねり（波高4m以上）
7	heavy swell, average length	中ぐらいの	
8	heavy swell, long	長く	
9	confused swell	二方向からうねりがきて，海上が混乱している場合	

(注)　1.「短く」とは，波長100m未満（周期8.0秒以下）の程度。
　　　2.「中ぐらいの」とは，波長100〜200m（周期8.1〜11.3秒）の程度。
　　　3.「長く」とは，波長200m以上（周期11.4秒以上）の程度。

付録7　視　程　表

階　級	視　認　可　能　距　離
0	50m以下
1	50〜200 m
2	200〜500 m
3	500m〜1 km
4	1〜 2 km
5	2〜 4 km
6	4〜10 km
7	10〜20 km

8	20～50 km
9	50km以上

付録 8　月　と　曜

月			略　字
1 月	January	ジャニュアリィ	Jan.
2 月	February	フェブルアリィ	Feb.
3 月	March	マーチ	Mar.
4 月	April	エイプリル	Apr.
5 月	May	メイ	May
6 月	June	ジューン	Jun.
7 月	July	ジュライ	Jul.
8 月	August	オーガスト	Aug.
9 月	September	セプテンバァ	Sept.
10月	October	オクトウバァ	Oct.
11月	November	ノウベンバァ	Nov.
12月	December	ディセンバァ	Dec.

曜			略　字
日曜日	Sunday	サンディ	Sun.
月曜日	Monday	マンディ	Mon.
火曜日	Tuesday	テューズディ	Tues.
水曜日	Wednesday	ウエンズディ	Wed.

木曜日	Thursday	サーズディ	Thurs.
金曜日	Friday	フライディ	Fri.
土曜日	Saturday	サタディ	Sat.

付録9　日付の書き方と序数

日付の書き方には，つぎの3通りがある。

2023年5月8日
1. 8th May, 2023（英国式）
2. May 8th, 2023（米国式）
3. May 8, 2023（英米共通）

何日というのは，上の例のように1，2，3……のような基数を使う場合と，1st（第1），2nd（第2），3rd（第3）……のような序数を使う場合とがある。序数は the を前につけて読むのが原則である。

つぎに序数の読み方と略字を示す。

first（1st），　　　　second（2nd），　　　third（3rd），

fourth（4th），　　　fifth（5th），　　　　sixth（6th），

seventh（7th），　　eighth（8th），　　　ninth（9th），

tenth（10th），　　　eleventh（11th），　　twelfth（12th），

thirteenth（13th），　fourteenth（14th），　fifteenth（15th），

sixteenth（16th），　seventeenth（17th），eighteenth（18th），

nineteenth（19th），twentieth（20th），　twenty-first（21st），

twenty-second（22nd），twenty-third（23rd），twenty-fourth（24th），

………thirtieth（30th），fortieth（40th），　…ninetieth（90th），

〔one〕hundredth（100th），

〔one〕hundred and first（101st）………thousandth（1000th）

……millionth（1,000,000th），

つぎに参考までに基数の読み方の例を二, 三示す。

  2, 567 = two thousand, five hundred snd sixty-seven

  38, 491 = thirty-eight thousand, four hundred and ninety-one

4, 125, 763 = four million, one hundred and twenty-five thousand, seven hundred and

    sixty-three

  （注）hundred のあとには必ず and を入れる。

付録10　世界各国の休祭日

（NATIONAL HOLIDAYS）

＊……休祭日のメモ（p. 179）を参照

Country （国　名）	Month （月）	Day （日）	
Canada	1	1	New Year's day（元旦）
（カナダ）			Family Day（家族の日）

Canada
（カナダ）
Month（月）	Day（日）	
1	1	New Year's day（元旦）
2 月第 3 月曜日		Family Day（家族の日）
＊		Good Friday（グッド・フライデー）
＊		Easter Monday（イースター・マンデー）
1st Mon. preceding May 25		Victoria Day
（5 月25日又はその直前の月曜日）		（ヴィクトリア・デー）
7	1	Canada Day（カナダ・デー）
8	1st Mon. （第 1 月曜）	BC Day（British Columbia Day） （ブリティッシュコロンビア・デー）
9月第 1 月曜日		Labour Day（労働祭）
9	30	The National Day for Truth and Reconciliation （真実と和解の日）
10	2nd Mon. （第 2 月曜）	Thanksgiving day （感謝祭）
11	11	Remembrance Day（大戦記念日）
12	25	Christmas Day（クリスマス）

Country （国　名）	Month （月）	Day （日）	
Denmark （デンマーク）	1 * 6 12 12	1 5 25 26	New Year's Day（元旦） Easter Holidays（復活祭諸行事） Constitution Day（憲法記念日） Christmas Day（クリスマス） Boxing Day 　　（ボクシングデー（クリスマス翌日））
England and Wales （イギリス及び ウェールズ）	1 * * 5月第1月曜日 5月最終月曜日 8月最終月曜日 12 12	1 25 26	New Year's Day（元旦） Good Friday（グッド・フライデー） Easter Monday（イースター・マンデー） Early May Bank Holiday 　　（アーリーメイ・バンク・ホリデー） Spring Bank Holiday 　　（スプリング・バンク・ホリデー） Summer Bank Holiday 　　（サマー・バンク・ホリデー） Christmas Day（クリスマス） Boxing Day 　　（ボクシングデー）（クリスマス翌日）
France （フランス）	1 * 5 5 * * 7 8 11 12	1 1 8 14 15 1 11 25	New Year's day（元旦） Easter Monday 　　（イースター・マンデー） Labour Day（労働祭） Victory Day 　　（1945年5月8日戦勝記念日） Ascension day（昇天祭） Whit Monday（ホウィット・マンデー） Bastille Day（革命記念日） Assumption（聖母被昇天） All Saints Day（全聖使徒の日） Armistice Day（休戦記念日） Christmas Day（クリスマス）

Country (国　名)	Month (月)	Day (日)	
Germany (ドイツ)	1	1	New Year's Day（元旦）
	*		Good Friday（グッド・フライデー）
	*		Easter Monday（イースター・マンデー）
	*		Ascension Day（昇天祭）
	*		Whitsuntide（聖霊降誕節）
	5	1	Labour Day（労働祭）
	10	3	Day of German Unity（ドイツ統一の日）
	11	1	All Souls' Day（オールソールス・デー）
	12	25	Christmas Day（クリスマス）
	12	26	2nd Day of Christmas（第二クリスマス）
Hong Kong (香港)	1	1	The First Day of January（元旦）
	1	2	The Day Following the First Day of January （元旦の翌日）
	1	22-25	Lunar New Year（旧暦正月）
	4	5	Ching Ming Festival（清明節）
	*		Good Friday（グッド・フライデー）
	*		The Day Following Good Friday （グッド・フライデーの翌日）
	*		Easter Monday（イースター・マンデー）
	5	1	Labour Day（労働節）
	5	26	The Birthday of the Buddha（釈迦生誕節）
	6	22	Tuen Ng Festival（端午節）
	7	1	HKSAR Establishment Day （香港特別行政区設立記念日）
	9	30	The Day Following the Chinese Mid-Autumn Festival（中秋節の翌日）
	10	1	National Day（国慶節）
	10	23	Chung Yeung Festival（重陽節）
	12	25	Christmas Day（クリスマス）
	12	26	The First Weekday Following Christmas Day （クリスマスの翌日）

Country （国　名）	Month （月）	Day （日）	
India	1	2–3	New Year Holiday（新年祝日）
（インド）	1	26	Republic Day（共和国記念日）
＊首都ニューデ	3	8	Holi（水掛け祭）
リー	3	30	Ram Navami
（New Delhi）			（ヒンドゥー教ラーマ神生誕日）
の場合	4	4	Mahavir Jayanti
			（ジャイナ教マハビラ生誕日）
	＊		Good Friday（グッド・フライデー）
	4	22	Id-ul-Fitr（イスラム教断食明け祭）
	5	5	Budha Purnima（釈迦生誕日）
	6	29	Id-ul-Zuha（イスラム教犠牲祭）
	7	29	Muharram（イスラム教新年）
	8	15	Independence Day（独立記念日）
	9	7	Krishna Janmashtami
			（クリシュナ神生誕日）
	9	28	Prophet Mohammad's Birthday
			（イスラム教ムハンマド生誕祭）
	10	2	Mahatma Gandhi's Birthday
			（マハトマ・ガンジー生誕日）
	10	24	Dussehra（ヒンドゥー教ダシェラ祭）
	11	12	Diwali（ディワリ／ヒンドゥー教新年祭）
	11	27	Guru Nanak's Birthday
			（シーク教ナナック生誕日）
	12	25	Christmas Day（キリスト教クリスマス）
	12	29	Year End Holiday（年末祝日）
Indonesia	1	1	New Year's Day
（インドネシ	1	22	Imlek（イムレック／中国暦2574年元日）
ア）	1	23	Imlek Holiday（イムレック祝日）
	2	18	Isra Miraj（ムハンマド昇天祭）
	3	22	Hari Raya Nyepi
			（ニュピ／サカ暦1945年元日）

Country （国　名）	Month （月）	Day （日）	
Indonesia （インドネシ ア）	3	23	Hari Raya NNyepi Holiday
	*		Good Friday（グッド・フライデー）
	4	21	Hari Raya Puasa Holiday
	4	22	Hari Raya Puasa
	4	23-26	Hari Raya Puasa Holiday （レバラン／断食月明け大祭）
	5	1	Labour Day（労働祭）
	*		Ascension Day（昇天祭）
	6	1	Pancasila Day（パンチャシラの日）
	6	2	Waisak Day Holiday（ワイサック祝日）
	6	4	Waisak Day （ワイサック／ブッダ生誕記念日）
	6	29	Idul Adha（犠牲祭）
	7	19	Muharram （ヒジュラ元日／イスラム暦1445年元日）
	8	17	Independence Day（独立記念日）
	9	28	Maulidur Rasul（ムハンマド生誕祭）
	12	25	Christmas Day（キリスト教クリスマス）
	12	26	Christmas Holiday（クリスマス祝日）
Italy （イタリア）	1	1	New Year's Day（元旦.）
	1	6	Epiphany（公現祭）
	*		Easter（復活祭）
	*		Easter Monday（イースター・マンデー）
	4		Lunedi d'Angelo（天使の月曜日）
	4	25	Liberation Day（自由祭／解放記念日）
	5	1	Labour Day（労働祭）
	*		Ascension Day（昇天祭）
	*		Corpus Domini-Day（キリスト聖体節）
	6	2	Feast of the Republic（共和宣言記念日）
	8	15	Assumption（聖母被昇天）
	11	1	All Saints' Day（諸聖人の日）

Country （国　名）	Month （月）	Day （日）	
Italy （イタリア）	12	8	Immaculate Conception 　　　（無原罪の御宿りの日）
	12	25	Christmas Day（クリスマス）
	12	26	St. Stephen's Day（聖ステファノの祝日）
Japan （日本） （p.139参照）	1	1	New Year's day（元旦）
		2nd Mon. （第2月曜）	Adults' Day（成人の日）
	2	11	Japan-National Founding Day 　　　（建国記念の日）
	2	23	Emperor's Birthday（天皇誕生日）
	3	21（20）	Vernal Equinox Day（春分の日）
	4	29	Showa No Hi（昭和の日）
	5	3	Constitution Memorial Day（憲法記念日）
	5	4	Greenery Day（みどりの日）
	5	5	Children's Day（こどもの日）
	7	3rd mon. （第3月曜）	Marine Day（海の日）
	8	11	Mountain Day（山の日）
	9	3rd Mon.	Old Folks Day（敬老の日）
	9	24（23）	Autumnal Equinox Day（秋分の日）
	10	2nd Mon. （第2月曜）	Sports Day（スポーツの日）
	11	3	Culture Day（文化の日）
		23	Labour Thanksgiving Day（勤労感謝の日）
Pakistan （パキスタン） ＊イスラム教 の祝日は太 陰暦によっ て決まり， 年度によっ ては変動す	2	5	Kashmir Day（カシミールデー）
	3	23	Pakistan Day（共和制記念日）
	4	22-25	Eid-ul＝Fitr（断食明け大祭）
	5	1	Labour Day（労働祭）
	6月29日 ～7月1日		Eid-ul-Azha（犠牲祭）
	7月27日 ～7月28日		Ashura（9th & 10 th Muharrum） 　　　（モハラム）

Country (国　名)	Month (月)	Day (日)	
る。右は 2023年度 の祝日。 (*はクリス チャンのみ)	8	14	Independence Day（独立記念日）
	9	28	Eid Milad-un-Nabi（預言者生誕記念日）
	11	9	Allama Iqbal Day（イクバルデー）
	12	25	Quaid's Birthday / Christmas Day* （ジンナー（建国の父）生誕記念日 / クリスマス*）
	12	26	Day After Christmas*（クリスマスの翌日*）
Philippines （フィリピン）	1	1	New Year's Day（元旦）
	4	6	Maundy Thursday
	*		Good Friday
	4	9	Araw ng Kagitingan（勇者の日）
	5	1	Labour Day（労働祭）
	6	12	Independence Day（独立記念日）
	8	28	National Heroes Day（国民英雄祭）
	11	30	Bonifacio Day（ボニファシオ記念日）
	12	25	Christmas Day（クリスマス）
	12	30	Rizal Day（リサール記念日）
Singapore （シンガポール）	1	1	New Year's Day（新年）
	1	2	Substitution（New Year's Day） （振替休日（新年））
	1	22-23	Chinese New Year（中国正月）
	1	24	Substitution（Chinese New Year） （振替休日（中国正月））
	*		Good Friday（聖金曜日）
	4	22	Hari Raya Puasa（ハリラヤプアサ）
	5	1	Labour Day（労働祭）
	6	2	Vesak Day（ベサックデー）
	6	29	Hari Raya Haji（ハリラヤハジ）
	8	9	National Day（独立記念日）
	11	12	Deepavali（ディーパバリ）

Country （国　名）	Month （月）	Day （日）	
Singapore （シンガポール）	11	13	Substitution（Deepavali） （振替休日（ディーパバリ））
	12	25	Christmas Day（クリスマス）
Sweden （スウェーデン）	1	1	New Year's Day（元旦）
	1	6	Twelfth Night（主顕祭（顕現日））
	＊		Good Friday（聖金曜日）
	＊		Easter Monday（イースター・マンデー）
	5	1	Labour Day（労働祭）
	＊		Ascension Day（昇天祭）
	6	6	National Holiday（建国記念日）
	夏至に最も近い土曜日とその前日		Midsommar（夏至祭）
	＊		All Saints' Day（諸聖人の日）
	12	24	Christmas Eve（クリスマスイブ）
	12	25	Christmas Day（クリスマス）
	12	26	The Day After Christmas / Boxing Day （クリスマス翌日 / ボクシングデー）
	12	31	The Last Day of the Year（大晦日）
Switzerland （スイス）	1	1	New Year's Day（新年）
	＊		Good Friday（グッド・フライデー）
	＊		Easter Monday（イースター・マンデー）
	＊		Ascension Day（昇天祭）
	＊		Whit Monday（ホウィット・マンデー）
	＊		Fête Nationale（建国記念日）
	12	25	Christmas（クリスマス）
	12	31	Restauration de la République（復興の日）
Taiwan （台湾）	1	1	New Year's Day / Republic Day （中華民国開国記念日 / 元旦）
	1	20-27	Chinese New Year Holiday（中国旧暦正月）
	2	27	228 Peace Memorial Day （和平記念日祝日）

Country (国　名)	Month (月)	Day (日)	
Taiwan (台湾)	2	28	228 Peace Memorial Day（和平記念日）
	4	3	Children's Day Holiday（こどもの日祝日）
	4	4	Children's Day（こどもの日）
	4	5	Qing Ming Festival（清明節）
	6	22	Dragon Boat Festival（端午節）
	6	23	Dragon Boat Festival Holiday（端午節祝日）
	9	29	Mid-Autumn Festival（中秋節）
	10	9	ROC National Day Holiday （国慶日・雙十節祝日）
	10	10	ROC National Day（国慶日・雙十節）
Thailand (タイ)	1	1	New Year's Day（新年）
	1	2	Substitution（New Year's Eve and New Year's Day）（振替休日（新年））
	3	6	Makha Bucha Day（万仏節）
	4	6	Chakri Memorial Day （チャクリー朝記念日）
	4	13-14	Songkran Festival（灌仏節）
	5	1	National Labour Day（労働祭）
	5	4	Coronation Day（国王戴冠日）
	6	3	H.M.Queen Suthida Bajrasudhabimalalakshana's Birthday / Wisakha Bucha Day （王妃誕生日 / 仏誕節）
	6	5	Substitution（H.M.Queen Suthida）Bajrasudhabimalalakshana's Birthday / Wisakha Bucha Day） （振替休日（王妃誕生日／仏誕節））
	7	28	H. M. King Maha Vajiralongkorn Phra Vajiraklaochaoyuhua's Birthday （国王誕生日）
	8	1	Asarnha Bucha Day（三宝節）

Country (国　名)	Month (月)	Day (日)	
Thailand (タイ)	8	12	H. M. Queen Sirikit The Queen Mother's Birthday / Mother's Day （前王妃誕生日 / 母の日）
	8	14	Substitution（H. M. Queen Sirikit The Queen Mother's Birthday / Mother's Day） （振替休日（前王妃誕生日 / 母の日））
	10	13	H. M. King Bhumibol Adulyadej The Great Memorial Day（前国王記念日）
	10	23	Chulalongkorn's Day （チュラロンコン大王祭）
	12	5	H. M. King Bhumibol Adulyadej The Great's Birthday, National Day, Father's Day （前国王誕生日 / 父の日）
	12	10	Constitution Day（憲法記念日）
	12	11	Substitution（Constitution Day） （振替休日（憲法記念日））
United Arab Emirates (アラブ首長 国連邦)	1	1	New Year's Day（新年）
	4	20-23	Eid Al Fitr（断食明け大祭）
	6	27	Arafat（Hajj）Day（巡礼休暇）
	6	28-30	Eid Al Adha（犠牲祭）
	7	19	Islamic（Hijri）New year's Day （イスラーム暦新年）
	9	27	Birthday of Prophet Muhammad（PBUH） （ムハンマド生誕祭）
	12	1	UAE Commemoration Day（UAE記念日）
	12	2-3	UAE National Day（建国記念日）
U.S.A. (アメリカ)	1	1	New Year's Day（新年）
	1	2	Substitution（New Year's Day） （振替休日（新年））
	1	16	Birthday of Martin Luther King Jr. （キング牧師誕生日）

Country （国　名）	Month （月）	Day （日）	
U.S.A. （アメリカ）	2	20	Washington's Birthday（President's Day） （ワシントン誕生日（大統領記念日））
	5	29	Memorial Day（戦没将兵追悼記念日）
	6	19	Juneteenth National Independence Day （ジューンティーンス独立記念日）
	7	4	Independence Day（独立記念日）
	9	4	Labour Day（労働者の日）
	10	9	Columbus Day（コロンバスデー）
	11	10	Veterans Day（退役軍人の日）
	11	23	Thanksgiving Day（感謝祭）
	12	25	Christmas Day（クリスマス）

休祭日のメモ（NATIONAL HOLIDAYS MEMO）

Easter 復　活　祭	Easter is always the first Sunday after the full moon on or next after the vernal equinox (March 21). If the full moon falls on Sunday, Easter is observed one week later. Easter is the day from which the dates for the rest of the movable feasts. 復活祭は春分（3月21日）またはそれ以後の満月の後の最初の日曜日で，満月が日曜日にあたる場合はつぎの日曜日である。月日の移動する祭日は多くは復活祭を基準にして起算する。
Ascension Day 昇　天　祭	The fortieth day after Easter 復活祭後40日目
Corpus Christi キリスト聖体節	The next Thursday after Trinity Sunday トリニティ日曜日（三位一体祝日）後の木曜日
Easter Monday イースター・マンデー	The next day after Easter 復活祭の翌日
Good Friday グッド・フライデー	The Friday preceding Easter 復活祭前の金曜日
Holy Saturday 聖土曜日	The Saturday preceding Easter 復活祭前の土曜日
Whitsunday 聖霊降臨祭	The seventh Sunday after Easter 復活祭後第7の日曜日
Whit Monday ホウイット・マンデー	The next day after Whitsunday 聖霊降臨祭の翌日
Whitsuntide 聖霊降臨節	The week immediately following Whitsunday 聖霊降臨祭から1週間

航海日誌（ログブック）見本

2019 年 7 月 30 日 （ 火 曜日）

Date the 30th of July 2019 Jus day

当直 Watch	総計距離 Total Miles	時刻 Hours	速力 Knot	針路 Course T.Co.	G.Co.	M.Co.	風 Winds 方向 Direction	力 Force	天候 Weather	気圧 Barometer	視程 Visibility	温度 Temperature 大気 Dry	湿 Wet	海水 Sea	主機回転 R.P.M.	備考欄 Remarks
OG		1														
		2														Kobe
		3														凸 0507
Log		4														
OG		5														Awashima
		6														卅 1909
		7														
Log		8					WUSW	2	bc	1013.8		27.0	19.5	8.6		
OG		9					SW	2	bc							
22		10	2	8	var. var. var.		West	u	u							Draft
Log		11	9	1	u u	u	WSW	u	u							
		Noon	10	1	var. var. var.		STW	2	bc	1014.1		26.5	21.0	18.1		
OG	40	13	10	0	var var var 48 48 41		SSW	2	bc							停泊及び仮泊時間 Total Hours in Port
		14	9	8	u u u		South	3	u							
Log	39	15	10	1	u u u		STW	4	bc							
		16	10	1	48 48 41 68 68 60		STW	4	C	1012.4		25.3	19.8	17.8		錨泊位置 Anchor Position
OG	41	17	10	1	var. var. var.		South	4	C							from Mitarashima Lt Hs 170°3.000m
		18	10	3	u u u		SSE	4	O							
Log	40	19	10	4	u u o		East	2	7							5m (H) 13m
		20	10	2	var. var. var.		East	1	7	1010.9		23.1	15.4	17.3		船内使用時整合 Ship's Time Adjustment
OG	9	21	9	0	var. var. var.		SE	2	7							Ah'd or Ab'k
		22														Total
		23														Balance
Log		M.N					WNE	3	C	1011.6		19.8	14.7	16.8		S.T. GMT±

正午位置 Noon Position		二港間の合計 Total from to		水艙淦水の検測表 Souding of Tanks & Bilges
位置 Position	緯度 Latitude / 経度 Longitude	航海時間 Hours under Weigh		
実測 Obs'd	34°-27.0N / 134°-01.02	航海距離 Under Weigh Dist. Run		
推測 D.R.		航進時間 Hours Propelling		
航海時間 Hours under Weigh	2-25	航進距離 Propelling Dist. Run		
航海距離 Under Weigh Dist. Run	22	距離 Dist. From 22 To 90	平均速力 Av. Speed	
航進時間 Hours Propelling	2-21	南南流 Sea & Drift	推測距離 D. Run by Log	
航進距離 Propelling Dist. Run	22		平均速力 Av. Speed by Log	
平均速力 Av. Speed	9.10		燃料消費量 Oil Consumed	
推測距離 D. Run by Log		主機回転 R.P.M	飲料水消費量 D.Water Consumed	
同上平均速力 Av. Sp'd. by Log		失脚率 Slip	缶水消費量 B.Water Consumed 平均主機回転 Mean R.P.M.	
	燃料 Oil / 缶水 Boiler Water / 飲料水 Drinking Water		平均失脚率 Mean Slip	
残有量 Remain		吃 Draft 水 L.D A.D		
一日消費量 Daily Consumption		F2-19 F2-17 A2-82 A2-83 M2-51 M2-50		

Page 70

Voyage No. 1913　From 神戸 Kobe.　To 粟島 Awashima　Lying at 粟島沖 Awashima offing

REMARKS　記載欄

0800	Light brize & fine but cloudy w.
0840	Tested & inspected the steering systems & other navigational equipments & found them in good condition.
0910	Stationed for leaving port.
0935	Let go all shore lines & left Kobe for Imabari.
0939	Dead slow ah'd eng. & used it ah'd var'ly.
0952	Full ah'd eng.　0954 R/up eng. & dismissed the station.
1020	P'd Kobe airport East L't B'y on <322> 1.1' off.
1108	P'd Akashi kaikyo T.R. No.1 L't B'y on her port side & entered into above T.R.
Noon	Light brize & fine but cloudy w. Sea smooth.
1205	P'd Akashi kaikyo T.R. No.3 L't B'y on her port side & cleared out above T.R. & 9co on <248>. Started & set log.
1300	Practised the fire fighting, waterproof & abandonship station drill at Harima nada.
1555	Okado H't L't H'e ab'm <338> 1.6' off & 9co up <268>.　log 38'
1600	Mod. brize & cloudy w.　Sea mod.　log 39'
1635	Obs'd Jigo S't L't H'e on < 036> 0.8' off & steered her var'ly & entered into Bisan Seto East T.R. & Stop'd log showing 43'.
1800	P'd Kasui S't L't H'e on her port side & cleared out above T.R. & entered into Bisan Seto North T.R.
1907	P'd Bisan Seto North T.R. No.5 L't B'y on her port side & cleared out above T.R.　1955 Stationed for anchoring temp'ly & S/b eng.
2000	Light air & rainy w.　Sea smooth.
2006	Half ah'd eng. & used it ah'd var'ly.
2009	Stop'd eng. dead slow ast'n eng. & used it var'ly.
2010	Let go port anchor in 13m depth of water [M] & anchored temp'ly at Awashima offing.
2012	Stop'd eng. finally.　2014 B'up anchor with 5 s's in the water.
2015	F/w eng. & dismissed the station.
M.N	Gentle brize & cloudy w. Reg. lights were strictly attended to. Round made. all's well.

Chief officer＿＿＿＿＿＿＿＿＿＿　　Master＿＿＿＿＿＿＿＿＿＿

2019年 7月 31日 （水 曜日）
Date the 31st of July 2019 Wed. day

当直 Watch	総計距離 Total Miles	時刻 Hours	速力 Knot	針路 Course			風 Winds		天候 Weather	気圧 Barometer	視程 Visibility	温度 Temperature			主機回転 R.P.M.	備考欄 Remarks
				T.Co.	G.Co.	M.Co.	方向 Direction	力 Force				大気 Dry	Wet	海水 Sea		
OG		1														
		2														Awashima
		3														⊥ 0516
Log		4					West 2	0	1010.2	18.2 14.2 17.6						
OG		5														Obe wan
		6														⊥ 1911
		7														
Log		8					North 1	bc	1009.5	17.7 13.8 17.5						
OG		9		var. then var. then var.			NW 2	bc								Draft
4		10	3 9	var.353	var.353	var.345	NNW 4	4								
		11	10 1	4	4	4	NNW 2	4								
Log 3		Noon	10 0	353 336	353 336	345 29	calm	bc	1010.5	19.8 14.7 18.1						
6		13	10 1	336 var.	336 var.	29 var.	NNE 1	bc								停泊及び仮泊時間 Total Hours in Port
OG		14	10 2	"	"	"	calm	bc								13 - 10
Log 5		15	5 7	var.	var.	var.	ENE 2	bc								
		16					NE 1	C	1009.1	18.9 14.0 18.0						錨泊位置 Anchor Position
OG		17														do, / Obe wan
		18														from Kanterima
		19														5.a.a [M]
Log		20					ESE 4	0	1008.1	18.3 14.1 17.8						船内使用時整合 Ship's Time Adjustment
OG		21														Ah'd or Ab'k
		22														Total
		23														Balance
Log		M.N					East 5	0	1007.3	17.2 15.5 17.5						S.T. GMT±

正午位置 Noon Position

位 Position	置	緯度 Latitude	経度 Longitude
実測 Obs'd		34°-22.3'N	133°-14.8'E
推測 D.R.			

航海時間 Hours under Weigh	10-50	距離 Dist. From 34
航海距離 Under Weigh Dist. Run	114	To 26
航進時間 Hours Propelling	10-46	海潮流 Sea & Drift
航進距離 Propelling Dist. Run	111	
平均速力 Av. Speed	10.52	
推測距離 D. Run by Log		主機回転 R.P.M
同上平均速力 Av. Sp'd. by Log		失脚率 Slip

	燃料 Oil	缶水 Boiler Water	飲料水 Drinking Water
残有量 Remain			
一日消費量 Daily Consumption			

二港間の合計 Total from to

航海時間 Hours under Weigh	
航海距離 Under Weigh Dist. Run	
航進時間 Hours Propelling	
航進距離 Propelling Dist. Run	
平均速力 Av. Speed	
推測距離 D. Run by Log	
平均速力 Av. Speed by Log	
燃料消費量 Oil Consumed	
飲料水消費量 D.Water Consumed	
缶水消費量 B.Water Consumed	
平均主機回転 Mean R.P.M.	
平均失脚率 Mean Slip	

水鑵溢水の検測表 Souding of Tanks & Bilges

	吃 Draft	水
L.D	A.D	
F2-15	F2-13	
A2-84	A2-82	
M2-50	M2-48	

次　航 _1913_　発 粟 島　着 小部湾　停泊港 小部湾　: Page __71__
Voyage No.　　From _Awashima_　To _Obe wan_　Lying at _Obe wan_

記　載　欄
R E M A R K S

0400	Light b'ge & o'cast wᵗʳ. Fog.
0800	Light air & fine but cloudy wᵗʳ.
0900	Tested & inspected the steering systems & other Navigational equipments & found them in good condition.
0905	Stationed for leaving temp'ry anchorage.　0910 S/B eng.
0920	Hove up anchor & left Awashima for Amakari.
0923	Dead slow ah'd eng. & used it ah'd var'ly.
0945	Full ah'd eng. & dismissed the station.　0948 R/up eng.
0950	P'd Mi. Sᵗⁿ L't Hˢ on <443>, 1.3' off & S/o on <153>.　Started & set log.
1150	Ab'd Takaikami Sᵗⁿ L't Hˢ on <143> 1.3' off & S/o to <236>.　log. 21.'
Noon	Calm & fine but cloudy wᵗʳ.　Sea calm.　log. 23.'
1245	Okinose L't Hˢ ab'm <146> 1.4' off & steered her var'ly.　Stop'd log showing 31.'
1305	P'd Kurushima kaikyo T.R. No.1 L't B'y on her stark'd side. & entered into above T.R. & S/B eng.
1355	P'd Kurushima kaikyo T.R. No.2 L't B'y on her port side. & cleared out above T.R. & R/up eng.
1420	Stationed for anchoring temp'ly & S/B eng.
1422	Half ah'd eng. & used it ah'd var'ly.
1439	Stop'd eng.　1442 Dead slow astn eng & used it var'ly.
1445	Let go stark'd anchor in 11 m depth of water. [M] & anchored temp'ly at Obe wan.　1447 Stop'd eng. finally.
1448	B'up anchor with 5 s's in the water.
1449	F'n eng. & dismissed the station.
2000	Mod. b'ge & o'cast wᵗʳ.
M.N.	Fresh b'ge & o'cast wᵗʳ.　Reg. lights were strictly attended to.　Round made, all's well.

Chief officer _____　　　Master _____

二〇一9 年 8 月 / 日 （水 曜日）
Date the _1st_ of _Aug._ _2019_ _Thu._ day

当直 Watch	総計距離 Total Miles	時刻 Hours	速力 Knot	針路 Course			風 Winds		天候 Weather	氣圧 Barometer	視程 Visibility	温度 Temperature			主機回転 R.P.M.	備考欄 Remarks
				T.Co.	G.Co.	M.Co.	方向 Direction	力 Force				大氣 Dry	氣 Wet	海水 Sea		
OG		1					East	5	o	1006.³						
		2					NxE	6	r	1005.⁸						Obe wan
		3					NNE	7	r	1005.¹						⊔ 0518
Log		4					NxE	5	o	1006.¹	15.²	10.³	17.²			
OG		5					ENxE	4	o	1006.⁴						Imabari
		6					East	3	c	1006.⁹						1910
		7														Imabari Ko
Log		8					East	3	c	1007.⁸	16.²	10.⁹	17.⁴			No.2 Pier.
OG		9														
		10														Draft
	_13_	11	2 9	var.	var.	var.	SSE	4	c							
Log		Noon	9 1	var.	var.	var.	South	3	bc	1005.⁸	17.⁵	11.⁸	18.¹			
OG	_3_	13	4 0	var.	var.	var.	SSE	2	bc							停泊及び仮泊時間 Total Hours in Port
		14														
		15														_19-45_
Log		16														錨泊位置 Anchor Position
OG		17														
		18														
		19														Zai
Log		20														船内使用時整合 Ship's Time Adjustment
OG		21														Ah'd or Ab'k
		22														Total
		23														Balance
Log		M.N														S.T.GMT±

正午位置 Noon Position			二港間の合計 Total from to		水艙溢水の検測表 Souding of Tanks & Bilges
位置 Position			航海時間 Hours under Weigh	_18-05_	
実測 Obs'd	緯度 Latitude	経度 Longitude	航海距離 Under Weigh Dist. Run	_178_	
	34°-06.9′N	133°-59.1′E	航進時間 Hours Propelling	_17-37_	
推測 D.R.			航進距離 Propelling Dist. Run	_174_	
航海時間 Hours under Weigh	_4-15_	距離 From _13_	平均速力 Av. Speed	_9.84_	
航海距離 Under Weigh Dist. Run	_39_	Dist. To _3_	推測距離 D. Run by Log		
航進時間 Hours Propelling	_4-06_	海潮流 Sea & Drift	平均速力 Av. Speed by Log	_9.88_	
航進距離 Propelling Dist. Run	_38_		燃料消費量 Oil Consumed		
平均速力 Av. Speed	_9.8_		飲料水消費量 D.Water Consumed		
推測距離 D. Run by Log		主機回転 R.P.M	缶水消費量 B.Water Consumed		
同上平均速力 Av. Sp'd. by Log		失脚率 Slip	平均主機回転 Mean R.P.M.		
			平均失脚率 Mean Slip		

	燃料 Oil	缶水 Boiler Water	飲料水 Drinking Water		吃 L.P Draft 右.P
残有量 Remain					F 2-11　　F 2-10
					A 2-80　　A 2-80
一日消費量 Daily Consumption					M 2-40　　M 2-45

次　航 _1913_	発 小部零	着 今治	停泊港 今治	Page _72_
Voyage No.	From _Obe wan_	To _Imabari_	Lying at _Imabari_	

記　載　欄
REMARKS

0215	Veered out starb'd cable to 7's in the water, as wind increased in force.
0400	Fresh b'ze & o'cast w'r.
0800	Gentle b'ze & cloudy w'r.
1000	Tested & inspected the steering systems & other Navigational equipments & found them in good condition.
1015	Stationed for leaving temp'ry anchorage. 1020 S/B eng.
1022	Dead slow ast'n eng. & used it var'ly.
1030	Hove up anchor & left Obe wan for Imabari.
1033	Dead slow ah'd eng. & used it ah'd var'ly.
1040	Full ah'd eng. & dismissed the station. 1042 R/up eng.
1115	P'd Kurushima kaikyo T.R. No.Z L't B'y on her starb'd side, & entered into above T.R. & S/B eng. w'r.
Noon	Gentle b'ze & fine but cloudy w'r. Sea slight.
1205	P'd Kurushima kaikyo T.R. No. 10 L't B'y on her port side & cleared out above T.R.
1206	Stationed for entering port.
1208	Half ah'd eng. & used it ah'd var'ly.
1241	Stop'd eng. & used it var'ly.
1235	Sent out first shore line & arrived at Imabari.
1239	Stop'd eng. finally.
1242	Made her fast to Imabari Ko No.2 Pier on her port side alongside.
1243	F/w eng.
1245	Dismissed the station.

Chief officer_____	Master_____

【編著者紹介】
水 島 祐 人（みずしま　ゆうと）
1994年　岡山県津山市生まれ
2018年　広島大学大学院教育学研究科教科教育学専攻博士課程前期修了
　　　　（修士，教育学）
現　在　独立行政法人海技教育機構　海技大学校講師

【主な論文】
水島祐人（2021）.「外国語学習者の英語詩読解過程における言語形式への気
　づきの諸要因」『教育学研究ジャーナル』26, 91-100.
水島祐人（2021）.「海事英語語彙表の開発：『IMO標準海事通信用語集』と
　Spoken BNC 2014の語彙比較から」『中国地区英語教育学会誌』51, 37-49.

英文・和文

新訂 航海日誌の書き方　　　　定価はカバーに表
こうかいにっし　か　かた　　　　　　　　　　示してあります。

2023年 8 月 28 日　初版発行

編著者　水 島 祐 人
発行者　小 川 啓 人
印　刷　三和印刷株式会社
製　本　東京美術紙工協業組合

発行所 株式会社 成山堂書店
〒160-0012　東京都新宿区南元町 4 番51　成山堂ビル
TEL：03（3357）5861　FAX：03（3357）5867
URL　https://www.seizando.co.jp
落丁・乱丁本はお取り替えいたしますので，小社営業チーム宛にお送りください。

ⓒ2023　Yuto Mizushima
Printed in Japan　　　　　　　　ISBN978-4-425-17027-2

❖航　海❖

書名	著者	価格	書名	著者	価格
航海学(上)(6訂版)(下)(5訂版)	辻・航海学研究会著	4,000円 4,000円	航海計器シリーズ②新訂 増補 ジャイロコンパスと オートパイロット	前畑著	3,800円
航海学概論(改訂版)	鳥羽商船高専ナビゲーション技術研究会編	3,200円	航海計器シリーズ③電波計器(5訂増補版)	西谷著	4,000円
航海応用力学の基礎(3訂版)	和田著	3,800円	舶用電気・情報基礎論	若林著	3,600円
実践航海術	関根監修	3,800円	詳説 航海計器(改訂版)	若林著	4,500円
海事一般がわかる本(改訂版)	山﨑著	3,000円	航海当直用レーダープロッティング用紙	航海技術研究会編	2,000円
天文航法のABC	廣野著	3,000円	操船通論(8訂版)	本田著	4,400円
平成27年練習用天測暦	航技研編	1,500円	操船の理論と実際(増補版)	井上著	4,800円
新訂 初心者のための海図教室	吉野著	2,300円	操船実学	石畑著	5,000円
四・五・六級航海読本(2訂版)	及川著	3,600円	曳船とその使用法(2訂版)	山縣著	2,400円
四・五・六級運用読本	藤井・野間共著	3,600円	船舶通信の基礎知識(3訂増補版)	鈴木著	3,000円
船舶運用学のABC	和田著	3,400円	旗と船舶通信(6訂版)	三谷・古藤共著	2,400円
魚探とソナーとGPSとレーダーと舶用電子機器の極意(改訂版)	須磨著	2,500円	大きな図で見るやさしい実用ロープ・ワーク(改訂版)	山﨑著	2,400円
新版電波航法	今津・標本共著	2,600円	ロープの扱い方・結び方	堀越・橋本共著	800円
航海計器シリーズ①基礎航海計器(改訂版)	米沢著	2,400円	How to ロープ・ワーク	及川・石井・亀田共著	1,000円

❖機　関❖

書名	著者	価格	書名	著者	価格
機関科一・二・三級執務一般	細井・佐藤・須藤共著	3,600円	詳説舶用蒸気タービン(上)(下)	古川・杉田共著	9,000円 9,000円
機関科四・五級執務一般(3訂版)	海教研編	1,800円	なるほど納得!パワーエンジニアリング(基礎編)(応用編)	杉田著	3,200円 4,500円
機関学概論(改訂版)	大島商船高専マリンエンジニア育成会編	2,600円	ガスタービンの基礎と実際(3訂版)	三輪著	3,000円
機関計算問題の解き方	大西著	5,000円	制御装置の基礎(3訂版)	平野著	3,800円
機関算法のABC	折目・升田共著	2,800円	ここからはじめる制御工学	伊藤監修・章著	2,600円
舶用機関システム管理	中井著	3,500円	舶用補機の基礎(増補9訂版)	重川・島田共著	5,400円
初等ディーゼル機関(改訂増補版)	黒沢著	3,400円	舶用ボイラの基礎(6訂版)	西野・角田共著	5,600円
舶用ディーゼル機関教範	長谷川著	3,800円	船舶の軸系とプロペラ	石原著	3,000円
舶用ディーゼルエンジン	ヤンマー編著	2,600円	新訂金属材料の基礎	長崎著	3,800円
舶用エンジンの保守と整備(5訂版)	藤田著	2,400円	金属材料の腐食と防食の基礎	世利著	2,800円
小形船エンジン読本(3訂版)	藤田著	2,400円	わかりやすい材料学の基礎	菱田著	2,800円
初心者のためのエンジン教室	山田著	1,800円	エンジニアのための熱力学	刑部監修・角田・川原共著	3,400円
蒸気タービン要論	角田著	3,600円	Case Studies: Ship Engine Trouble	NYK LINE Safety & Environmental Management Group	3,000円

■航海訓練所シリーズ (海技教育機構編著)

書名	価格	書名	価格
帆船 日本丸・海王丸を知る(改訂版)	2,400円	読んでわかる 三級航海 運用編(改訂版)	3,500円
読んでわかる 三級航海 航海編(改訂版)	4,000円	読んでわかる 機関基礎(改訂版)	1,800円